KB053186

한 달의 오키나와

일본에서 한 달 살기 시리즈 3

한 달의 오키나와

김민주 지음

세나북스

바다와 함께한 한 달,

내 인생의 신나는 방학을 보낸 오키나와

오키나와, 바다, 그리고
힐링이 있는 나만의 자유 시간

아직 자유롭게 지구 곳곳을 누릴 수 있었던 2019년 초봄, 당시 유행하던 여행지 한 달 살기를 하기 위해 바리바리 짐을 챙겨 길을 나섰다. 행선지는 오키나와. 바다가 아름답다는 이유 하나만으로 고른 여행지였다.

기분이 울적할 땐 바다를 멍하니 바라보며 몇 시간이고 앉아 있는 버릇이 있는데, 서울에서 살게 되며 그것이 여의치 않아 조금씩 스트레스가 쌓였다. 30년 넘게 바다와 인접한 도시에서만 살아왔기에, 바다를 보려면 편도로 2시간 가까이 가야 하는 일이 비현실적으로까지 느껴졌다.

물론 서울에도 한강 공원이라는 멋진 장소가 있지만, 빌딩 숲에 둘러싸인 사람 많은 한강 공원은 바다를 바라볼 때만큼 편한 느낌을 주지는 않았다.

'딱 한두 달만 떠나고 싶다! 기왕이면 바다가 있는 곳으로….'

하던 일이 잘 안 풀려 우울하던 날 갑자기 이런 생각이 들었다. 떠나고 싶다는 마음에 바다가 아름다운 여행지를 검색하던 중, 오키나와 북부의 코발트블루 빛 바다 사진을 보게 되었다. 그 청량한 색에 반한 나는 오키나와에 가기로 마음먹었다.

막상 한 달이라는 긴 시간을 여행하자니 마음에 걸리는 게 하나 있었다. 바로 가족과 친지의 시선. 항상 밖으로 나돌기만 하는 나를 걱정하는 그분들이 이번엔 뭐라고 하실지 걱정이 되었다.

그때 마침 세나북스에서 에세이 《일본에서 한 달을 산

다는 것》의 공저자를 모집한다는 소식을 들었다. 그 소식을 듣자마자 '그래! 이거다!' 싶어 잽싸게 신청했더랬다.

원고를 쓰러 간다는 그럴싸한 핑계를 만들어 두면, 그저 놀고먹는다는 죄책감도 줄어들 테고 속사정이 어떻든 표면적으로는 '일'을 하러 가는 것이니 잔소리에서도 벗어날 수 있을 것 같았다.

그렇게 떠난 오키나와에서 나는 각기 다른 매력을 가진 오키나와의 여러 바다를 마음껏 누리고, 현지 친구들을 사귀고, 맛있는 음식을 먹으며 좋은 음악을 듣는 치유의 시간을 가졌다.

이렇게 쓰니 좋은 일들만 있었던 것 같지만, 사는 게 언제나 즐거울 수는 없다. 힘든 일도 많았다. 하지만, 지금 생각하면 좀 안 좋았던 경험도 내가 제대로 '한달살이'를 즐겨서 겪었던 일이 아닐까 싶다.

어쨌든, 최선을 다해 한달살이를 하며 내가 직접 겪은 오키나와를 이 책에 글로 옮겨놓았다. 부족한 글이지만 부디 책을 읽어주시는 독자님께서 오키나와를 좀 더 가까이 느끼고 그곳의 청량한 바다를 사진으로 마음껏 감상하셨으면 좋겠다. 그리고 오키나와가 내게 준 힐링까지 함께 느끼신다면 저자로서 더할 나위 없이 기쁠 것이다.

김민주

CONTENTS

5장 한여름의 오키나와 - 미야코지마 이야기

일러두기

1. 오키나와 한 달 살기 실제 여행 기간은 2019년 3월 13일 ~ 4월 11일까지입니다.

2. <5장 한여름의 오키나와 - 미야코지마 이야기>는 한달살이 이후 다시 여행을 다녀와서 쓴 내용으로 여행 기간은 2019년 7월 12일 ~ 7월 22일입니다.

3. 본문은 대부분 글을 쓸 당시 시점을 그대로 사용했습니다. 예를 들어 본문의 '오늘'이라는 표현은 여행 당일에 해당 글을 쓴 것을 그대로 살렸기 때문입니다.

4. 오키나와 독립 등 일본 내의 정치적, 사회적 문제에 관한 언급은 책에 나오는 일본인 개인의 의견일 뿐 김민주 저자나 세나북스와는 아무 관련이 없습니다. 이와 관련된 문제에 책임이 없음을 미리 밝혀둡니다.

바다가 주는 위로
말로 다 표현하지 못할 그 느낌

1장 나하

처음부터 쉽지 않은
오키나와 살이

　여행 전날 마음이 설레 잠을 못 이룬 탓인지, 비행기에
몸을 싣자 잠이 쏟아졌다. 대략 2시간 정도를 푹 자고 나
니 비행기는 오키나와 공항에 착륙할 준비를 하고 있었
다. 비행기 창문 너머로 보이는 맑은 바다는 햇빛을 받아
반짝이고 있었다.

　비행기에서 내려 수하물을 찾고 나하 국제거리로 가는
모노레일을 탔다. 예약해둔 게스트하우스가 국제거리에
서 약 15분 정도의 거리라고 하기에 그곳에서 내려서 천
천히 걸어갈 생각이었다. 이런 내 생각을 비웃듯 실제로
게스트하우스에 도달하기까지는 대략 40분 가까운 시간

이 걸렸다. 그야 당연히 제대로 정비되지 않은 울퉁불퉁한 길에서 20kg짜리 캐리어를 끌고 가니 속도가 느릴 수밖에 없었다. 또, 구글 지도에 나오는 '도보'의 소요 시간은 다리가 굉장히 길고 튼튼한 사람이 전속력으로 파워워킹을 할 때나 나올 수 있는 시간이라는 걸 깜빡 잊고 있었다.

녹초가 된 상태로 게스트하우스에 도착해 체크인 절차를 밟았다. 겨우 도착했으니 이제 곧 편하게 쉴 수 있을 줄 알았다. 하지만 어림도 없지. 나는 분명 여성 전용 도미토리를 예약했는데, 리셉션에서는 여성 전용 도미토리가 다 떨어졌다면서 남녀 혼성 도미토리의 열쇠를 쥐어주는 게 아닌가. 아니, 이러려면 왜 예약을 받았는지 도저히 이해되지 않았다. 그러나 직원이 몇 번이나 사과하며 친절하게 응대하기에 화를 낼 수도 없었다.

그렇게 직원을 따라 2층의 어느 방을 안내받고, 짐 정리를 한 후 밥을 먹기 위해 나갔다. 바깥으로 난 계단의 난간 너머로 푸른 바다가 슬쩍 보이기에 잠시 멈춰 서서 난

간에 몸을 기대고 바다를 감상했다. 목덜미를 스치는 3월의 시원한 바람을 맞으며 바다를 보고 있자니 마음속의 짜증이 눈 녹듯 사라졌다. 그리고 이제부터 한 달간 새로운 장소에서 평소와 다른 일상을 보낸다는 설렘이 다시 차올랐다.

하지만 그 설레는 기분도 잠시, 금세 또 다른 걱정거리가 생겨버렸다. 게스트하우스 부근에서 나하시의 번화가인 국제거리로 가는 버스 노선이 하나도 검색되지 않았기 때문이다. 즉, 아까 개고생하며 걸어온 길을 다시 걸어가야 한다는 말이었다.

나중에 지인이 알려줘서 알게 된 사실이지만 오키나와는 대중교통 인프라가 촘촘히 깔려있지 않아 한 집에 두 대 이상의 자가용 보유가 일반적이란다. 물론 관광객들에겐 렌터카가 필수이고. 난 면허는 있지만 운전을 너무 못해서 국제 면허도 발급받지 않았는데 이를 어쩌나.

눈물을 머금고 국제거리까지 꾸역꾸역 걸어가 굶주린 배를 채우러 마키시 공설 시장에 들어섰다. 1층은 수산물 등을 팔고 2층에는 식당가가 있는 한국의 수산시장과 비슷한 모습이라 왠지 정겹게 느껴졌다. 여기저기 구경해보고 싶긴 했지만, 배가 고팠기에 바로 2층의 식당가로 향했다.

2층에 발을 들이자마자 호객하는 목소리가 여기저기서 울려 퍼졌다. 늦은 오후라 사람이 없어서인지, 직원들은 적극적이었다. 나는 그 중 한국어로 말을 걸어오는 직원이 있는 식당을 선택하고 소키소바(족발 국수)와 자그마한 회를 시켰다. 전체적으로 허름했던 그 가게는 왠지 맛집의 기운이 느껴졌다. 오래되어 허름한데 안 망하고 계속 운영하는 가게가 진짜 맛집이라는 나의 철학에서 비롯된 판단이었다.

하지만 이번에도 나의 판단은 잘못되었나. 국수에서는 밀가루 비린내가 났고 족발은 냉동 제품을 급히 전자레인지에 돌린 건지 겉은 뜨겁고 속은 차가웠으며, 회는 숙성을 잘못한 것인지 살결이 벌어지고 흐물거려 왠지 먹기 싫은 상태였다. 아아, 차라리 거리에 있던 프랜차이즈 가

게나 갈걸….

첫 식사에 대차게 실망했지만, 다음 식당은 괜찮을 거라는 희망을 안고, 저녁 즈음 아늑해 보이는 술집 '마이스쿠야'에 들어갔다. 바 좌석에 앉아 뭘 주문할지 망설이는데 사장님이 여행하러 오셨냐며 말을 걸어왔다. 카메라를 두 개나 들고 다녀서 여행자인 티가 났나? 심지어 사장님은 내가 한국인인 것도 맞추셨다. 낮에 있던 일도 그렇고 내 얼굴이 정말 한국적으로 생기긴 했나 보다.

가장 오키나와다운 안주가 뭔지 물었더니, 사장님은 일말의 망설임도 없이 고야 찬푸루(チャンプルー)를 추천해 주셨다. 과연 자신 있게 추천할 만큼 고야 찬푸루는 맛있었다. 고야만 빼면 말이다. 고야는 정말 썼다. 사장님은 내 반응을 보고 자꾸 먹다 보면 맛있어질 거라며 웃으셨다.

원래 고베에서 나고 자랐다는 사장님은 오키나와의 바다가 너무 좋아 오키나와로 이주해왔다고 했다. 고베에도 바다가 있지 않냐 물었더니, 있긴 하지만 수준이 다르다며 오키나와에 대한 칭찬을 아끼지 않았다. 요즘에도 오키나와의 바다를 동경해서 이주해오는 본섬의 일본인이 많이 있다고 한다.

내가 이시가키섬에 가보고 싶다고 했더니 그는 이시가키섬의 아와모리*를 추천해 주었다. 오키나와에서는 지역마다 자신들만의 아와모리를 만드는데 맛이 조금씩 다르다고 한다.

얼음과 물로 약간 희석한 아와모리는 낯선 맛이 났다. 맛이 있고 없고를 판단할 수 없는 오묘한 맛. 하지만 계속 마시다 보면 익숙해질지도 모른다. 어쩌면 내가 겪은 오늘의 고생도 아와모리의 맛처럼 오키나와에 익숙지 않아서 생긴 일은 아닐까? 한달살이가 끝나갈 즈음엔 이런 오키나와에 더 익숙해져 있으면 좋겠다.

---

* 아와모리(泡盛) - 오키나와 전통 증류주. 류큐 왕조 시대(1429~1879)에는 왕부의 비호하에 제조됐다. 현재 오키나와에는 46개의 아와모리 양조장이 있으며, 양조장마다 개성 있는 아와모리를 제조한다. 아와모리의 원료는 물과 쌀이며 누룩을 만들기 위해 누룩균을 사용하는 것이 특징이다. 특히 3년 이상 숙성시킨 아와모리는 '구스'라고 부른다. (출처 -《루루부 오키나와》)

인연은
고구마 뿌리처럼

바다 사진을 보고 오키나와행을 결심했지만, 사실 이유가
그것 하나만은 아니다. 예전에 문순득 프로젝트*라는 행사
에서 통역 일을 한 적이 있는데, 그때 오키나와 전통춤 '에이
사' 공연을 하러 온 손다 청년회와 인연을 맺었다.

---

* 문순득 프로젝트 - 신안 우이도의 홍어 장수 문순득. 1801년 홍어를 잡으
러 바다에 나섰다가 풍랑을 입고 오키나와, 필리핀, 마카오 등을 거쳐 조선
으로 다시 돌아왔다. 각 지역에서 짧게는 몇 개월에서 일 년까지 머무르며
언어를 익히고 문화교류를 한 인물. 한국의 극단 '갯돌'이 각 국가의 예술단
체와 함께 이 문순득의 표류 과정을 연극과 춤으로 표현하는 문순득 프로젝
트를 매년 진행하고 있다. 이 책의 내용과는 상관없지만, 정말 재미있는 프
로젝트라 한번 소개해보고 싶었다.

청년회를 인솔하던 류큐대학의 토모치 교수님(이하 명칭은 토모치 선생님)과는 뒤풀이 자리에서 술로 우정을 다졌더랬다. 그래서 오키나와에 오기 전 토모치 선생님과 손다 청년회의 몇 명에게 연락을 했다. 오키나와에 가니 같이 술이나 마시자고.

그렇게 연통을 넣었기에 언젠가는 연락이 오겠지 싶었지만 오키나와에 오자마자 심지어 이제 곧 잠자리에 들려는 밤 10시 30분에 연락이 올 줄은 몰랐다. "민주 씨, 오키나와에 왔습니까? 마시죠!"

안 그래도 오키나와 현지인들의 술자리 문화가 궁금하던 참이었다. 피곤하긴 했지만, 현지 사람과 함께하는 술자리라니, 너무 매력적이지 않은가? 그래서 당장 튀어 나가 택시를 잡아타고 국제거리로 향했다.

토모치 선생님이 알려주신 주소로 택시를 타고 가니, 겉으로만 봐서는 술집인지 가정집인지 알 수 없는 평범하고 약간은 허름한 입구가 나를 기다리고 있었다. 문을 열고 들어가니 바 테이블이 중앙을 길게 가로지른 협소한 공간이 나왔다.

중간의 테이블을 기준으로 한쪽은 손님들이 착석해 있고 한쪽은 나이 지긋한 여자 사장님이 혼자서 분주히 움직이고 있었다. 일본 드라마 같은 곳에서 종종 보던 스낵바 같은 느낌이었다. 이런 술집은 처음이라 약간 설레어 내부를 찬찬히 둘러보는데, 안쪽 구석에서 나를 부르는 목소리가 들려왔다. "민주 씨, 여기입니다, 여기!"

소리가 들린 곳을 쳐다보니 토모치 선생님이 본인 또래의 중년 남성분과 함께 바에 앉아있었다. 같이 있는 분은 오키나와 현청 해양 관리 부서에서 근무하시는 노하라 씨로, 토모치 선생님의 동창이라고 했다.

만나 뵙게 돼서 반갑다는 인사를 한 후, 기념품으로 챙겨온 한국의 팩 소주를 하나씩 나눠드렸다. 그렇게 셋이서 술을 마시고 있는데, 갑자기 노하라 씨가 전화를 받으며 밖으로 나가더니 웬 여성을 한 분 데려오셨다. 그분은 노하라 씨의 여자친구인 치아키 씨라고 했다. 이분께도 역시 선물로 팩 소주를 드렸다.

통성명하고 자리에 앉아 두런두런 수다를 떠는 도중 음식에 관한 이야기가 나오자 치아키 씨가 나에게 물었다.

"한국에서도 염소를 먹나요?"

"보통 흑염소를 즙으로 내서 많이 먹어요."

염소를 즙으로 만들어 먹는다고 하니 치아키 씨는 물론 다른 두 분도 놀라는 기색이었다. 오키나와에서는 경사가 있을 때 염소 고기를 먹는데, 고기를 삶거나 탕으로 먹는다고 한다. 즙을 내서 먹는 방식은 처음 듣는다고 했다. 한국에서도 염소 고기를 먹는 곳은 있지만 그렇게 흔하지는 않고 나도 먹어본 적이 없다는 이야기도 했다.

"그럼 지금 먹으러 가지 않을래요?"

치아키 씨의 제안을 듣고 나는 핸드폰 시계를 쳐다봤다. 자정이 넘은 시간이었다. 이렇게 늦은 시간에도 영업하는 가게가 있냐고 물으니 그 세 명은 당연하다는 식으로 대답했다. 오키나와의 밤은 이제부터가 시작이라고.

우리는 스낵바를 나와 택시를 타고 염소 요리를 파는 가게까지 이동했다. 사실 그때 나도 술이 얼큰하게 올라온 상태였기에 가게 이름은 기억이 나지 않는다. 하지만, 왠지 현지 사람들만 다니는 로컬 맛집 같았다. 가게 안에 사람은 바글바글했지만 메뉴는 오로지 일본어로만 적혀있었기 때문이다.

염소 고기는 의외로 잡내가 적고 맛있었다. 염소 고기 특유의 냄새가 전혀 나지 않는 것은 아니었지만, 양고기 정도의 냄새밖에 느껴지지 않았다. 또 염소탕은 국물이 아주 훌륭했다. 알딸딸한 상태로 그 국물을 여러 모금 마시니, 조금 과장해서 아까 먹은 술이 벌써 깨는 느낌이었다. 그야말로 술을 부르는 요리였다.

치아키 씨는 평일에는 염소 고기나 마늘 같은 향이 강한 음식은 안 먹는다고 했다. 다음날 체취가 심해진다나 뭐라나. 다행히 자정을 넘긴 토요일이라 사람 만날 걱정이 없어서 마음껏 드셨다. 살면서 한 번도 체취를 신경 쓰며 음식을 가려본 적이 없기에 꽤 신선한 이야기였다. 나도 오키나와에 머무는 동안은 향이 강한 음식을 자제해야 하려나?

어쨌든, 토모치 선생님은 그렇다 쳐도 처음 보는 노하라

씨와 치아키 씨까지 내게 살갑게 대해주고 오키나와 문화도 알려주니 그렇게 고마울 수가 없었다. 오늘 새로운 경험을 할 수 있게 해 줘서 감사하다고 인사를 하니, 토모치 선생님이 호탕하게 웃으며 말씀하셨다.

"이게 바로 고구마 뿌리 식이라는 거예요. 오키나와에서는 다들 이렇게 사람을 사귑니다. 내 친구의 친구는 내 친구나 마찬가지죠."

토모치 선생님은 오키나와에서 하고 싶은 게 있으면 뭐든 도와줄 테니 거리낌 없이 말해달라고 하셨다. 그래서 술김에 이렇게 대답했다.

"낚시를 해보고 싶어요! 오키나와의 맑은 바다에서 물고기를 잡아 올려 그 자리에서 회 떠서 먹어보고 싶어요."

그랬더니 노하라 씨가 그건 자기가 도와주겠다며, 낚시에 미친 후배가 몇 명 있는데 한번 알아보겠다고 하셨다. 그렇게까지 하면 너무 폐를 끼치는 것 같아 거절하려 했지만, 오키나와 사람은 절대 빈말을 하지 않는다며 기대하라고 하셨다. 치아키 씨도 노하라 씨를 거들며 전혀 민폐가 아니니 괜찮다고 말하기에, 그냥 감사 인사를 했다. 뭐, 술자리니까 그냥 한 번 툭 던져본 말이 아닐까?

토모치 선생님은 염소 고기를 먹은 후 또 하나의 파격적인 제안을 하셨다. 곧 본인들의 동창회가 있는데 놀러 오라는 것이었다. 동창회에 참석할 다른 분들이 싫어할 것 같아 거절하자, 옆에서 노하라 씨 왈, "아, 그 모임 제가 총무라서 괜찮아요. 다들 좋아할 겁니다". 이렇게까지 말하니 더 거절할 수가 없어 알겠다고 대답하고 헤어졌다.

일본에 와서 지인의 지인을 소개받고 스스럼없이 어울리는 건 꽤 신기한 경험이었다. 내가 아는 일본인들은 조금 더 조심스럽게 다가오는 경향이 있었는데, 그렇지 않아서 신기하다고 말하니, 노하라 씨가 "그런 야마톤츄(ヤマトンチュ, 오키나와 사람들이 본토의 일본인을 지칭하는 말)랑 우리는 달라요"라고 딱 잘라 말했다. 아무래도 본토와는 멀리 떨어진 지역이라 성향이 다른 것 같았다. 그런 면이 한국인의 정서와 약간 닮은 것 같기도 했다. 한달살이 이틀째 날, 낯설기만 하던 오키나와가 조금은 더 가깝게 느껴졌다.

슈리성
탐방

　오전 10시가 다 되어가는 시간에 느지막이 눈을 떠 침대 밖으로 나왔다. 내가 머문 도미토리의 침대는 캡슐 호텔처럼 사방이 칸막이로 둘러싸여 안락한 느낌을 주었지만 해가 떴는지 안 떴는지 알 수 없다는 단점이 있었다. 덕분에 전날에도 오후 늦게까지 자느라 관광다운 관광은 하지도 못하고 국제거리나 어슬렁거렸었다.

　오늘은 뭘 해볼까, 한국에서 가져온 가이드 북을 뒤적이며 갈만한 곳을 찾았다. 책의 나하 편을 펼치자 슈리성이란 글자가 큼지막하게 적혀있었다. 옛 류큐 왕국의 왕성으로 세계 2차대전 때 완전히 파괴되었다가 복원된 곳. 우리나라의 경복궁처럼 아픈 역사를 지닌 곳이다. 모름지기 여행을 왔으면 이런 대표적인 문화유적은 한 번쯤 가봐야지. 오늘은 여기다.

슈리성에 가기 위해 모노레일 '유이레일' 노선도를 보며 처음엔 '이렇게 큰 랜드마크가 있는데, 왜 역 이름이 슈리성역이 아닐까?' 싶었다. 알고 보니 슈리역과 슈리성은 꽤 거리가 있었다. 모노레일을 타고 '슈리역'에서 내려 한참을 걸어 올라갔다. 구글 지도에는 도보 15분이라고 나왔지만 느릿한 내 걸음으로는 약 2배 가까운 시간이 걸렸다. 날씨가 좋아서 그나마 다행이었다. 오키나와는 걷는 걸 싫어하는 뚜벅이 여행자에겐 참 가혹한 곳인 것 같다.

이래저래 상념을 이어가며 드디어 슈리성 본성 앞에 도착했다. 날씨가 맑아 슈리성의 채도 높은 붉은색이 더 선명하게 보였다. 사진 몇 장을 찍은 후, 신발을 벗고 슈리성 안으로 들어가 사람들을 따라 이동했다. 입구에서 받아온 스탬프 랠리 종이에 스탬프도 채우고, 복도 마루에 잠깐 서서 정원 담벼락 위로 유유히 흘러가는 구름도 감상하고, 발밑에 깔린

유리를 통해 아직 복원이 덜 된 곳도 구경하다 보니 어느새 성을 한 바퀴 다 둘러보았다.

스탬프를 채우며 돌아다니다 보니 전망대로 가는 길이 나왔다. 많이 걸어서 다리가 살짝 피곤했지만, 여기까지 왔는데 전망대도 한 번 올라가 봐야 할 것 같았다. 오늘 신은 신발이 운동화라 다행이라는 생각을 하며 천천히 발걸음을 옮겼다.

전망대로 향하는 도중, 처음 보는 새가 있어 멀리서부터 새를 찍으며 조심스럽게 다가가는데, 신기하게도 새가 날아가지 않았다. 심지어 더 잘 찍으라는 듯 낮은 가로등 위에서 이리저리 자세를 바꾸는 게 아닌가. 새를 이렇게 가까이서 찍을 기회는 흔치 않아서, 긴장한 채로 새의 눈높이에 맞게 몸을 낮추고 엉거주춤 다가갔다. 그때 내 뒤에서 두 남자의 대화가 들려왔다.

"와, 저 새 서비스 정신 장난 아니네."

"너도 가서 포즈 좀 취해달라고 부탁해 봐."

갑자기 들려온 대화에 웃음이 터졌고 서비스 정신 투철한

새는 이내 날아가 버렸다. 그들이 아쉬워하는 소리를 뒤로하고 전망대로 다시 몸을 돌렸다.

전망대에 올라가자 오키나와의 전경이 시원하게 내려다보여 가슴이 뻥 뚫리는 느낌이었다. 슈리성 자체도 높은 지대에 있는데, 거기서 더 높이 쌓아 올린 전망대라 등산하는 느낌이 없잖아 있었다. 하지만, 아름다운 전경이 모든 걸 보상해 주는 듯했다. 그리고 보면 옛 류큐 왕국 사람들은 관절이 아주 튼튼했나 보다. 평지도 아닌 산에 성을 다 짓다니. 뭘 먹고 그렇게 튼튼한 도가니를 가졌는지 나중에 알아봐야겠다.

슈리성에는 오키나와 전통춤을 공연하는 곳도 있었다. 오키나와의 전통 악기 산신(三線, 현이 세 줄인 현악기) 선율에 맞춰 부드럽게 추는 춤이 아름다운 공연이었다. 아 참, 악기 이야기가 나와서 말인데, 예전에 한국에 온 에이사 공연단과 대화할 때, 오키나와의 전통 악기 산신을 실수로 샤미센(三味線, 일본 본토의 전통 현악기)이라고 부른 적이 있었다. 그때 그들이 아주 싫어하는 기색을 내비치며 샤미센이 아니라 오키

나와의 악기 산신이라고 정정해 준 기억이 난다. 지금은 일본에 속해있지만, 자신들의 뿌리는 류큐 왕국이라는 것을 잊지 않은 것일까. 그 생각을 하면서 보니 지금까지 보존되어 내려온 오키나와만의 선율과 춤이 더 가치 있게 느껴졌다.

　스탬프를 다 찍고 안내소에서 시샤(사자 형상을 한 오키나와의 수호신) 스티커와 오키나와의 전통 그림이 인쇄된 작은 클리어 파일을 하나 받았다. 12곳에 있는 스탬프를 다 찍으러 다니느라 고생한 내 다리와 맞바꾼 귀한 상품이었다. 관광다운 관광을 했다는 뿌듯함이 차오르는 순간. 앞으로 여기 있을 동안 이런 날만 계속되면 좋겠다는 생각이 들었다.

이게
말로만 듣던 그?

슈리성 관광을 하고 돌아와 공용 라운지에서 번역 일을 했다. 살아가려면 돈이 필요하다. 돈을 벌려면 일을 해야 한다. 고로 한달살이를 하려면 일을 해야 한다. 이런 다소 억지스러운 논리를 머릿속에 펼치며 엉덩이를 억지로 딱 붙이고 앉아있었다. 역시 여행지에서 하는 일이란 그다지 재미있는 게 아니다. 심지어 내가 자신 없는 분야의 번역이라 속도도 나지 않았다. 그래서 그날은 다른 여행자들이 하나둘 자리를 비우기 시작하는 늦은 시간까지 공용 라운지에 남아서 일을 했다.

조금 불편한 딱딱한 의자에 앉아 몸을 이리 비틀고 저리 비틀며 일하기 싫은 마음을 온몸으로 표현하던 그때, 내 뒤에서는 늦은 저녁 일본인 직원들의 술 파티가 벌어졌다. 누군가가 오랜만에 놀러 온 듯 내 뒤에서는 "아~ 히사시부리~~(아~ 오랜만이야~~)"라는 말이 연달아 들려왔다.

직원들이 그렇게 시끄럽게 놀지는 않아서 나도 별 신경을 쓰지 않고 일에 몰두하고 있었다. 그러다 모르는 단어가 나와서 네이버 사전을 검색하던 중 갑자기 어떤 여성의 목소리가 귀에 확 들어와 꽂혔다.

"아, 데모 캉코쿠징와 키라이데스(아, 그런데 한국인은 싫어요)"

아니 이게 대체 뭔 소리야? 나는 순간 움찔했고 라운지엔 아주 잠시 정적이 흘렀다. 그 정적을 깬 건, 요 며칠 라운지에서 자주 봤던 남자 직원의 목소리였다.

"뭐, 한국인이 좀 그렇긴 하지."

그 후에도 한국인으로서 듣기 민망한 대화는 이어졌다.

"한국인은 술 먹으면 이상해진다니까."

"목소리도 너무 크고."

"프랑스인도 싫어."

다들 여자 직원의 의견에 동조해주는 기색이었다.

자리에서 일어나서 나가야 하는 건지, 아니면 그들에게 가서 따져야 하는 건지 판단이 서지 않았다. 이 상황에 한국인인 내가 가만히 있자니 지는 것 같은 기분이고, 가서 뭐라고 따지자니 굳이 나를 지칭해서 한 욕도 아닌데 유난이냐고 한소리 들을 것 같았다. 저쪽이 머릿수가 더 많으니 지금 나서기엔 너무 불리할 것 같았다. 정말 가시방석이 따로 없었다.

그래서 결국 인터넷 매체의 힘을 빌리기로 했다. 오키나와 여행 카페, 인스타, 페이스북에 글을 올렸다. "저 여기 나하의 ○○게스트하우스인데요. 제가 방금 어이없는 말을 들었습니다." 어쩌고저쩌고. 반응은 폭발적이었다. 여행 카페에서는 '거기가 그런다고요? 거기 유명한 곳인데?'라는 사람들의 경악이, 인스타와 페이스북에서는 오키나와 친구들의 위로 및 사과 행렬과 외국 친구들의 분노가 댓글로 줄줄이 달렸다.

저들은 내가 한국인이라는 사실을 몰랐나? 전 세계의 사람이 모이는 게스트하우스에 일본어를 알아듣는 외국인이 있을 거라고 미처 생각 못 한 것인지, 아니면 나 들으라고 일부러 그렇게 말한 것인지, 어느 쪽이든 불쾌한 건 마찬가지였다. 비싼 돈을 주고 숙박한 건 아니지만 내 돈 내고 머무는 곳에서 이런 말을 들으니 어이가 없었다.

나도 오키나와에 불만이 없던 게 아니었다. 숙소 배정도 예약대로 해주지 않지, 길은 정비가 안 되어 있어 울퉁불퉁해 짐 끌고 걷기에 최악이지, 제대로 된 대중교통도 없지, 심지어 음식도 일본 다른 지역에 비해 딱히 맛있게 느껴지지 않았다. 나도 너희 별로 거든? 아, 진짜 집에 가버릴까. 여행을 계속하고픈 맘이 단박에 사라지는 순간이었다.

인터넷에 글을 올리고 아직 번역일이 다 끝나지 않았지만 자리를 정리하고 일어났다. 나가면서 슬쩍 직원들의 얼굴을 둘러보니 익숙한 얼굴이 몇몇 보였다. 아침 느지막이 샤워장에 씻으러 들어갔을 때, 화장대 의자 앞에 앉아 사람을 위아래로 빤히 쳐다보던 여자 직원도 보였다. 원래 표정이 그렇게 굳어있는 아이인 줄 알았는데, 혹시 한국인이 싫어서 그랬던 거니…? 정말 그런 거니…?

　캡슐 모양의 도미토리 침대로 돌아와 일을 대충 마무리하고 잠자리에 들었다. 오늘은 왠지 푹 잘 수 있을 것 같지 않았다. 이 여행을 어떻게 해야 할지 생각을 좀 해봐야겠다.

나쁜 일이 있으면
좋은 일도

다음날, 아침 일찍 일어나 잽싸게 씻고 게스트하우스를 빠져나왔다. 어제까지만 해도 아침이면 공용 라운지에서 근처 수산 시장표 초밥과 커피 한 잔을 느긋이 해치우고 밖에 나왔는데, 이제 라운지 쪽은 쳐다보기도 싫었다.

숙소를 박차고 나왔으니 이젠 주린 배를 채울 차례. 숙소에서 도보로 십여 분 남짓 걸으면 나오는 토마리 이유마치 수산시장으로 향했다. 저렴한 가격에 질 좋은 수산물을 즐길 수 있기로 유명한 곳이다. 수산시장에선 각종 초밥과 회, 조개 등을 저렴하게 팔고 있었고 특히 참치, 그것도 냉동 참치가 아닌 싱싱한 생참치회를 단돈 몇백 엔에 팔고 있었다.

갈 때마다 이것저것 다 사 먹고 싶지만, 위의 용량은 한정되어 있기에 하나만 고를 수밖에 없는 게 가장 큰 단점이었다. 내가 대식가였더라면 먹고 싶은 걸 전부 다 사서 먹었을 텐데.

눈물을 머금으며 싱싱한 초밥 10개들이 3팩 천 엔의 유혹을 뿌리치고 수산시장 한편에 있는 식당으로 들어갔다. 먹음직스러워 보이는 600엔짜리 참치 덮밥을 시켰다. 주문한 지 얼마 지나지 않아 바다 포도와 참치가 조화를 이루며 아름답게 놓인 덮밥이 나왔고 그 모양만큼이나 맛도 훌륭했다.

참치는 싱싱하고 부드러워 몇 번 씹지 않아도 금세 목구멍으로 넘어갔으며 짭짤한 우미부도(바다 포도)는 약간은 싱거운 덮밥의 간을 적당히 맞춰줬고 오도독 씹는 맛으로 재미까지 더해주었다. 그야말로 600엔의 행복이었다.

밥을 다 먹은 후 뭘 할까 잠시 고민하다 국제거리로 향했다. 하고 싶은 건 없었지만 저녁에 친구들을 만나기 전까지 어디 카페라도 들어가서 시간이나 때울 요량이었다.

구글 지도로 길을 검색했지만 역시나 근거리를 잇는 버스

편은 하나도 없어서, 내가 가진 유일한 교통수단인 튼튼한 두 다리로 걸어야 했다. 여행할 의욕이 어제 이후로 사라져서 그런지, 이 사실이 오늘따라 유독 짜증 났다.

국제거리의 스타벅스에서 커피를 마시고 근처 돈키호테에서 아이 쇼핑이나 하며 시간을 죽이다 보니 이윽고 약속 시간이 다 되었다. 만나기로 한 장소에 가자 준과 타마모토가 기다리고 있었다. 이 친구들 또한 토모치 선생님과 마찬가지로 손다 청년회의 한국 에이사 공연 때 알게 된 사이다. 우리는 서로 반갑게 인사를 한 후 타마모토의 차를 타고 저녁을 먹으러 갔다.

이날 우리가 향한 곳은 류큐 요리 전문점 '후쿠야'. 슈리성 근처 고즈넉한 동네에 있는 음식점이다. 나중에 알아보니 오키나와 여행 커뮤니티에서는 어느 정도 이름이 알려진 곳이었지만, 아무런 사전 조사를 하지 않은 나에겐 생소한 곳이었다. 식당을 예약한 타마모토가 이름을 말하자 종업원이 자리를 안내한 후 메뉴판을 건네주었다.

메뉴판을 펼치자 일본어 같지만 일본어가 아닌 듯한 단어

가 나열되어 있었다. 아니, '이나…모우도우치… 나베-라…'
가 대체 뭔데? 내가 메뉴판을 더듬더듬 읽자 준과 타마모토
는 크게 웃음을 터트렸다.

"못 읽겠지? 그거 일본어가 아니고 류큐어야."

타마모토가 말했다. 후쿠야는 류큐 요리 전문점이라 메뉴
이름을 류큐어, 즉 오키나와 방언으로 적어놓았기에 오키나
와 소바처럼 일본어로 적힌 몇 개의 메뉴 빼고는 생소했던
것이었다. 오키나와 요리에 대한 지식도 별로 없었던지라 그
냥 친구들의 추천대로 음식을 주문하기로 했다.

나와 타마모토는 이나무두치(오키나와식 된장국) 정식을, 준
은 무지누 국(토란 줄기와 돼지고기를 가다랑어 국물로 삶고 된장을
풀어 만든 국) 정식을 시켰다. 이 둘은 고향인 오키나와에 대
한 애정과 자부심이 넘치는 친구들인지라, 나에게 오키나와
요리를 하나라도 더 먹이려고 안달이 나 있었다. 그래서 정
식 외에도 미누다루(돼지고기에 검정깨를 입힌 류큐 궁중요리), 소
면 찬푸르(소면을 넣어 만든 볶음요리), 나베라(수세미) 볶음 등
을 주문해 주었다. 아마 내가 지나가는 말로 오키나와 요리

가 딱히 입맛에 맞지 않았다고 했던 것에 충격받고 열심히 전수해줬던 게 아닌가 싶기도 하다. 친구들의 노력 덕분인지 이날 먹은 오키나와 요리는 정말 맛있었다.

타마모토와 준은 내가 게스트하우스에서 겪은 불미스러운 사건에 대해서도 연신 사과했다. 특히 준이란 친구는 오키나와의 역사와 문화를 전 세계로 알리고 싶어 하는 친구라 더 공분하며 "류큐 왕국은 옛날부터 다른 나라와 많은 교류를 하고 외지인에게도 친절했던 나라인데, 류큐에 그런 사람이 있는 게 부끄러워. 그런 사람은 얼른 류큐에서 나가주면 좋겠어."라고 말했다. 너무 인상적인 말이라 토씨 하나 틀리지 않고 기억한다. 친구들이 이렇게까지 말해주니 기분이 조금 풀리며 약간 머쓱해졌다. 내가 너무 호들갑 부린 건가 싶기도 하고.

타마모토는 자기만 아는 야경 스폿이 있다며 슈리성으로 우리를 이끌었다. 슈리성의 유료구역은 문이 굳게 닫혀있었지만, 무료구역은 야간에도 개방되어 있었다. 타마모토를 이리저리 따라가다 보니 성벽과 나무 사이로 오키나와의 야경이 한눈에 내려다보였다. 조금은 구석진 곳에 있는 스폿이라 혼자였다면 절대 오지 못했을 곳이었다. 친구 좋다는 게 이런 건가 보다.

슈리성 무료구역의 이곳저곳을 돌며 짧은 역사 강의를 들었다. 궁녀들의 숙소가 가깝다는 어떤 문 앞에서는, 산신 연주자인 타마모토가 노래 한 곡조를 조용히 뽑아내기도 했다. 슈리성에 궁녀로 들어가 잘 만날 수 없게 된 연인에게 바치는 노래라나 뭐라나. 역사에 빠삭한 친구와 함께하니 혼자 돌아다닐 때와는 또 다른 재미가 느껴졌다.

친구들과 헤어진 후 게스트하우스에 돌아와 짐을 쌌다. 내일이면 이곳과도 이제 안녕이다. 여행은 역시 계속하기로 마음먹었다. 아직 마음이 다 풀리진 않았지만, 고작 기분 나쁜 일 하나 있었다고 여행 전체를 접기엔 오키나와에는 좋은 친구들과 음식, 흥미로운 문화가 너무 많았다. 대신 내일부터 머물 자탄초의 숙소는 1인실로 잡아두었다. 다인실에 염증을 느끼고 숙소를 찾는데 마침 특가로 나온 호텔 방을 운 좋게 찾았기에. 이제 좀 편히 쉴 수 있겠지.

다음날, 오전 9시쯤 눈을 떠 조금 더 뭉그적거릴지 아니면 일어날지 고민하고 있는데, 누군가 방에 들어와 내 침대 프레임에 노크하며 나를 찾았다. 안에 있다고 대답하니 들려오는 말.

"머무시는 동안 불쾌한 경험을 하게 해드려 정말 죄송합니다. 사과드리고 싶으니 준비가 다 되면 리셉션으로 와 주세요."

이 사람들이 어떻게 알았지? 놀란 맘에 얼른 준비하고 리셉션에 내려가자 한국인 직원 한 명이 대기하고 있었다. 그는 나에게 정중히 사과하며 그간의 숙박비와 사장님의 사과 편지를 갈색 봉투에 담아 내게 건네주었다. 알고 보니 내가 여행 커뮤니티에 올린 글을 이 한국인 직원이 보고 전 사원에게 번역해서 메일을 돌렸던 거다.

사과를 받고 자초지종을 들어보았다. 그날 문제의 발언을 했던 사람은 청소 담당 직원인데, 이전에 한국인 관광객이 와서 술을 먹고 다다미에 토를 하고 샤워장에 대변을 싸 놔서 그걸 치우느라 엄청난 고생을 했다고 한다. 심지어 그때

다다미는 손도 못 쓰고 전체를 교체했다고. 아직 스무 살도 안 된 친구가 그렇게 험한 꼴을 봤으니, 그래 나라도 욕하겠다. 괜스레 내가 미안한 맘이 들어 얼굴이 홧홧해졌다. 다들 여행할 때 매너 좀 지켜줬으면….

직원과 잠시 대화를 나누며 기다리자 곧 사장님이 들어와 고개를 숙이며 사과했다. 머쓱한 마음에 같이 고개 숙여 인사하고 게스트하우스를 빠져나왔다. 길을 걸으며 내가 느꼈던 짜증과 분노, 머쓱함, 앞으로 이런 일을 또 겪으면 어떡하지 하는 두려움을 하나하나 곱씹었다. 과연 이 여행을 잘 할 수 있을까? 걱정을 끊어내지 못한 채, 자탄초로 가는 버스에 몸을 실었다.

오키나와에서의 한 달
내 인생의 조금은 긴 휴가

2장 자탄초

웰컴 투
스나베

나하 터미널에서 공항버스를 타고 자탄초의 라젠트 호텔 앞으로 이동했다. 내가 묵을 숙소는 스나베에 있는 오키나와 오션 프론트 호텔. 원래 1박에 10만 원대인 곳인데, 4만 원에 특가가 떴길래 냉큼 예약했더랬다. 사람 바글바글한 게스트 하우스를 벗어나 드디어 1인실로 갈 수 있다니 마음이 잔뜩 설레었다. 게다가 이름도 오션 프론트, 바다 앞이라는 이름의 호텔이니 어쩌면 방 밖으로 바다가 보이는 방을 얻을 수 있을지도?!

김칫국을 잔뜩 마시며 왔건만 그 기대는 호텔에 도착함과 동시에 깨졌다. 내가 묵을 "초특가" 방은 바다를 마주한 아름다운 오션 프론트 호텔 뒤편에 조그맣게 붙어 있던 리셉션 건물의 2층이었기 때문이다. 당연히 바다는 보이지 않았다. 역시 세상에 싸고 좋은 건 없나 보다. 하지만 하루 4만 원 대 금액에 1인실을 쓸 수 있는 건 확실히 이득이었다.

리셉션 건물 2층에 배정된 방에 들어가 짐을 풀고 침대에 대자로 누웠다. 아직 한낮이지만 라젠트 호텔에서 이곳까지 30분이 넘는 길을 걸어왔더니 상당히 피곤했다. 심지어 오키나와 사람들에게 선물하기 위해 사 온 팩 소주가 잔뜩 든 가방까지 질질 끌고 왔으니 그 피로감이 얼마나 컸는지 상상하는 게 그리 어렵진 않으리라.

하지만 수면보다는 주린 배가 우선이었다. 잠기운을 떨치고 일어나, 오키나와 소바 마니아인 친구 준이 강력하게 추천한 스나베의 맛집 '하마야'에 갔다. 준의 말에 따르면 이곳의 '쥬시*'가 그렇게 꿀맛이라고. 사실 오키나와 여행 정보를 찾기 전에는 쥬시라는 음식이 육즙 가득한 고기 요리인 줄 알았다. 그런데 알고 보니 고기가 아니고 영양밥이란다. 아

---

* 쥬시 - 소바 국물로 볶은 밥으로 톳과 당근 등 야채가 들어가기도 한다

니. 영양밥이 맛있으면 얼마나 맛있다고? 의문을 안은 채로 가게 안 자판기에서 오키나와 소바와 쥬시의 티켓을 뽑았다.

나하시에서 처음 먹었던 오키나와 소바가 너무 맛없었기에 이번에도 별로 기대는 하지 않았지만, 아니 이게 웬일. 그날 먹은 소바와 비교하는 게 미안할 정도로 훨씬 맛있었다. 밀가루 비린내가 느껴지지 않는 통통한 면발, 씹을 새도 없이 사라지는 부드러운 돼지고기 그리고 달콤 짭짜름하면서 은근한 감칠맛이 도는 영양밥 쥬시는 내게 만족스러운 한 끼를 선사해 주었다.

밥을 다 먹고는 부른 배를 두드리며 스나베 탐방에 나섰다. 이곳은 높고 기다란 제방을 사이에 두고 바다와 육지가 나뉘어 있어 산책하기에 참 좋았다. 바다는 파도가 제법 거칠어 해양 스포츠를 즐기기에 좋아 보였다. 그래서인지 아직 바다에 들어가기엔 쌀쌀한 날씨였음에도 서핑을 즐기는 사람들이 종종 눈에 띄었다.

주변을 둘러보며 이곳이 어떤 동네인지 파악하는 도중, 2층에 멋진 테라스가 있는 새하얀 건물이 눈에 띄었다. 트랜

짓 카페 Transit Cafe 라는 이름을 가진 가게였다. 저 테라스에 앉아 바다를 바라보며 음료를 마시면 얼마나 운치 있을까. 나는 곧바로 제방에서 내려와 그곳에 들어갔다.

마침 테라스의 바 좌석이 비어있었기에 그곳에 자리 잡고 앉았다. 상상대로 테라스에서 전망 좋은 멋진 바다를 볼 수 있었다. 이곳의 분위기와 잘 어울릴 것 같은 달콤한 샹그릴라 한 잔을 주문했다. 이윽고 과일이 예쁘게 담긴 와인잔과 샹그릴라가 든 작은 유리병이 나왔다.

파도치는 바다를 안주 삼아 기울이는 칵테일 한 잔. 마침 햇볕도 테라스에 쏟아져 들어와 마치 휴양지의 선베드에 누워 칵테일을 즐기는 여행객이 된 기분이 들었다. 신이 나서 샹그릴라를 얼른 해치우고 다른 칵테일들을 주문했다. 계산은 아침에 환불받은 돈으로 할 예정이었다. 남의 돈으로 마시는 공짜 술은 언제나 맛있는 법. 알딸딸한 기분으로 가게를 나왔을 때는 이미 아침의 짜증과 걱정은 흔적도 없이 사라진 상태였다.

그래, 고생 없는 여행이 어딨겠어. 교통편이 안 좋으면 운

동하는 셈 치고 걸어 다니면 되고, 시비 거는 사람이 있으면 그때그때 잘 대처하면 되지! 이게 바로 술의 순기능일까, 갑자기 긍정왕이 되어 모든 걸 다 포용할 수 있을 것 같은 기분이 들었다. 제일 가까운 편의점이 왕복 30분이 넘는 거리에 있다는 가혹한 사실조차 말이다.

다음날, 정오 즈음 숙소에서 나와 제방 위를 천천히 걸었다. 목적지는 아메리칸 빌리지. 햇빛 쨍한 맑은 날 오후, 하늘은 푸르고 바다는 눈이 시리게 반짝였다. 제방에는 수영복을 입고 일광욕을 즐기는 사람들이 듬성듬성 눈에 띄었고, 바다에는 서핑을 즐기기 위해 서핑보드 위에서 노를 저어 먼 바다로 나가는 이들의 모습도 보였다. 이렇게 여유롭고 평화로운 풍경을 즐길 수 있어서 내가 바다를 좋아하나 보다.

상쾌한 기분으로 바다를 구경하며 30여 분을 걷자 아메리칸 빌리지가 나왔다. 아메리칸 빌리지에는 다양한 즐길 거리와 볼거리가 많지만 내 목표는 오로지 하나였다. 그것은 바로 대관람차. 아메리칸 빌리지의 랜드마크인 이 관람차는 높이가 무려 60m, 지름은 45m에 달하는 거대한 대관람차이

다. 낮에는 시원한 도시 전경을, 밤에는 아름다운 야경을 볼 수 있는 것으로 유명하다는데. 이 근처에서 일주일 정도 머물 예정이라 오늘은 관람차를 낮에 타고 다음엔 밤에도 타봐야겠다고 생각하던 참이었다.

하지만 슬프게도 그 계획은 물거품이 되어버리고 말았다. 오늘, 그러니까 3월 20일부터 4월 5일까지 점검 때문에 대관람차 운영이 중지된 것이다. 다시 말하자면 내가 자탄에 머물 동안에는 대관람차를 타지 못한다는 말이었다. 오마이갓. 그나마 다행인 건 집에 돌아가기 전에 점검이 끝난다는 사실이었다.

이곳에 온 주목적은 달성하지 못했지만, 아메리칸 빌리지는 볼거리가 많은 동네였다. 빌리지 안의 여러 상점을 구경하고, 스타벅스에 가서 커피도 한 잔 마시고, 길거리의 버스킹도 구경하다 보니 어느새 노을이 질 시간이 되었다.

맥주 한 캔을 사 들고 아메리칸 빌리지 옆에 있는 선셋비치에 갔다. 갑자기 끼기 시작한 구름은 지는 해를 가려버렸지만, 그 대신 하늘이 옅은 핑크빛으로 물들어 로맨틱한 분위기를 자아냈다. 주변을 돌아보니 커플같이 보이는 사람도 있고, 친구끼리 놀러 온 것처럼 보이는 이들도 있었다. 그 모습을 보니 살짝 외로워졌지만 괜찮다. 내겐 맥주가 있으니까.

지는 해를 보며 맥주 한 캔을 다 마셨는데도 술이 모자랐는지, 이상하게 곧장 숙소로 돌아가기 서운한 마음이 들었다. 그래서 지인의 추천을 받았던 선술집 아라코야에 갔다. 마침 가게 위치도 선셋비치 바로 옆 선셋 워크에 있었다. 메뉴는 시원한 생맥주와 곱창이 들어간 국물 요리.

바다를 보며 마시는 캔맥주도 맛있지만 역시 맥주는 시원한 게 최고다. 함께 시킨 곱창탕 역시 고소하면서 곱창 특유의 풍미가 잘 살아있었다. 그러고 보니 오키나와와 한국은 은근히 식문화가 비슷한 것 같다. 곱창, 족발, 돼지 머릿고기 등등. 일본의 다른 지역에서는 보기 힘든 음식이 오키나와에서는 꽤 흔했다. 이렇게 낯선 땅에서 내 고향과의 공통점을 찾으니 살짝 정감이 갔다.

아라코야에서 맥주 몇 잔을 더 마셔도 뭔가 2% 정도 모자

라는 기분이었다. 왜 맥주는 마시면 마실수록 더 마시고 싶어지는 걸까? 그래서 숙소 근처 사이드 라인이라는 바에서 마지막으로 딱 한 잔만 맥주를 더 마시기로 했다. 생맥주 한 잔을 시켜 야외 테이블에서 야금야금 마시고 있자니 곧 폐점 시간인 자정이 되었다.

아쉬운 마음을 접고 일어나 숙소로 향하는데, 귀엽게 생긴 가게 점원이 가게 바깥으로 나와 "해브 어 굿나잇!"이라고 미소지으며 인사를 해 주어 나도 웃으면서 화답했다.

아마 오늘 저녁 내게 부족했던 건 술이 아니라 사람과의 자그마한 교류였을지도 모른다. 혼자서 여행하는 건 좋지만 가끔은 입을 열 일이 너무 없어서 입에서 단내가 날 때도 있으니까. 하지만 그런 외로움은 이런 작지만 따뜻한 인사 하나에 사라지기도 한다. 스나베에 온 지 이틀째 되는 날, 오키나와가 조금 더 좋은 곳으로 느껴지기 시작했다.

오키나와의
동창회

스나베의 제방 위에 앉아 아무 생각 없이 광합성을 하던 평화로운 오후, 토모치 선생님의 메시지를 받았다.

"내일은 동창회입니다. 4시 즈음 그쪽으로 갈까 하는데 괜찮습니까?"

염소 고기를 먹으러 갔을 때 초대받았던 토모치 선생님의 동창회! 설마 진짜로 부를 줄은 몰랐다. 정말로, 진짜로 가도 되겠냐고 재차 물으니 선생님은 뭐 그리 당연한 걸 물어보냐는 듯 물론이라고 답했다.

다음날 오후, 토모치 선생님의 가족과 함께 동창회 장소로 향했다. 약속 시간인 6시보다 조금 이른 시각이라 그런지 예약석에는 우리만 덩그러니 앉아있었다. 이때까지는 아무 생각이 없었으나, 시간이 지남에 따라 사람이 하나둘 늘어나자 조금 민망해지기 시작했다. 동창회에 모인 분들의 평균 연령은 대략 마흔 중반, 그리고 자녀들은 초등학생 저학년이었다. 내 또래라고 할 수 있는 사람들은 열심히 술과 음식을 나르고 있는 종업원 몇 명뿐이었다.

내가 끼어도 좋은 자리인지 판단이 안 서 쭈뼛거리며 물만 홀짝이는데, 갑자기 토모치 선생님이 손뼉을 치며 다른 분들의 이목을 끌더니 이렇게 말했다.

"여기 있는 분은 민주 씨인데, 제가 한국에 있을 때 도움을 준 분입니다. 오키나와에 대한 글을 쓴다고 하니, 오키나와에 대해 많이 알려주세요."

토모치 선생님의 말씀에 시선이 내 쪽으로 몰려 얼떨결에 자리에서 일어나 자기소개를 했다.

"한국에서 왔고요, 잘 부탁드립니다."

어색하게 인사를 하고 자리에 앉아 맥주를 크게 한 모금 삼켰다. 나는 술을 마시면 사교성이 좋아지고 조금 뻔뻔해지는 경향이 있기에, 술기운을 빌려 민망함을 극복하고자 한 것이다.

동창회를 한 방은 6인용 테이블이 여러 개 배치된 형태인지라 모두가 한자리에 앉을 수 없어, 다들 자리를 옮겨 다니며 안부를 묻거나 수다를 떨고 있었다. 처음에는 망부석처럼 앉아있던 나도 술이 얼큰하게 오르자, 이 테이블 저 테이블 돌아다니며 사람들과 이야기를 나누었다.

다들 오키나와에 대한 자부심이 굉장한지 일본의 전설적인 가수 아무로 나미에가 이곳 출신이라는 걸 아느냐며 오키나와 자랑을 끊임없이 했다. 중간중간 오키나와에 관한 꿀 같은 정보와 지식도 얻을 수 있었기에 재미있게 경청했다.

특히, 미야코지마(미야코 섬)에 대한 설명은 내 마음을 사로잡았다. 미야코지마에는 높은 산이 없어서 토사가 바다로 흘러가지 않아 물이 아주 깨끗하다고 한다. 이 말을 한 미야코 씨는 오키나와 본섬의 모든 바다를 통틀어도 미야코지마의 바다와는 견줄 수 없다고 자신 있게 말했다. 맑은 바다가 보고 싶을 땐 꼭 미야코지마로 가보라고. 바다가 얼마나 아름

다운지 '미야코 블루'라는 말이 따로 있을 정도라는데, 그 아름다운 미야코 블루를 내 눈으로 꼭 보고 싶어졌다.

그 외에도, 아지쿠-타-(맛이 진하다), 마상(맛있다), 마-사문(맛있는 음식) 같은 오키나와 말도 배우고, 테비치(오키나와식 족발), 찬푸르(볶음 요리, 안의 주재료에 따라 이름이 바뀐다), 지마미 토후(땅콩 두부), 염소 요리 등 오키나와 음식 추천도 제법 받았다.

제일 재미있는 이야기는 다른 지역에서 오키나와 사람을 구별하는 방법인데, 음식점에 가면 나오는 손 닦는 물수건을 사용한 후에 정사각형으로 접어 컵 받침으로 쓰면 그 사람은 99% 오키나와 사람이라는 것이다. 덥고 습한 기후 때문에 시원한 음료를 마시면 컵 표면에 물방울이 많이 맺혀서 다들 그렇게 하는 게 습관이 되어있다나 뭐라나. 하긴, 물수건을 접어서 컵 밑에 받치는 건 나도 오키나와에서 처음 보긴 했다.

이렇게 밀려 들어오는 정보를 핸드폰 메모장에 일일이 기록하느라 정신없는 와중, 의문이 하나 떠올랐다. 여러 테이블을 돌아다녔지만, 가는 자리마다 동행한 부인들이 보이지 않았다. 의아해서 방안을 둘러봤더니 방 안쪽 귀퉁이의 테이블에 따로 모여 도란도란 이야기를 나누고 있었고, 아이들도 그 옆에서 자기들끼리 신나게 놀고 있었다.

술에 취해 사교성이 높아진 나는 얼른 잔을 들고 그 자리로 가서 대화에 끼어들었다. 모여있던 언니들에게 호구조사도 당하고 이런저런 이야기를 나누다 보니 어느덧 대화의 주제는 음식으로 바뀌어 있었다.

그때, 뜬금없이 이분들에게 한국 요리를 선보이고 싶다는 충동이 강하게 들었다. 이유는 모른다. 아마도 주사(!)였던 것 같다. 나는 참다못해 결국 말을 내뱉어버렸다.

"여러분만 괜찮다면 제가 한국 요리를 해드리고 싶어요. 불고기랑 부침개 어떠세요?"

그곳에 앉아있던 분들은 모두 좋은 생각이라며 맞장구를 쳤고 본인들도 오키나와 요리를 준비하겠다고 했다. 즉석에서 만날 날짜와 장소가 정해졌고 우리는 라인 메신저의 연락처를 주고받은 다음 단체 대화방까지 만들었다. 정말 추진력이 대단한 분들이었다.

이 자리에는 이전에 염소 고기를 함께 먹은 치아키 씨와 노하라 씨도 있었는데, 노하라 씨가 치아키 씨에게 그 사실을 듣고 와서는 "우리를 배신하다니, 낚시도 가야죠! 조만간 연락하겠습니다."라고 말했다. 염소 요릿집에서 한 약속, 아직 잊지 않으셨구나!

동창회에 참석한 분들은 나와는 초면이거나 이제 고작 두 번째 얼굴을 본 사이였지만 벌써 친한 지인이 된 듯 느껴졌다. 처음에는 남의 동창회에 끼어들기 조금 민망했는데, 다들 스스럼없이 대해줘서 정말 좋은 시간을 보낼 수 있었다.

내 친구의 친구는 내 친구나 마찬가지, 토모치 선생님이 말한 고구마 뿌리식 인연이라는 게 이런 것일까? 스쳐 가는 여행자가 아니라 오키나와 사람들의 삶에 조금은 녹아든 것 같아 약간 기뻤던, 그런 날이었다.

오키나와의 슬픔을 간직한 곳,
사키마 미술관

오키나와는 원래 일본이 아닌 류큐라는 독립된 국가였다. 하지만, 19세기 말 일본 제국에 의해 일본에 편입되었다가 제2차 세계대전에서 일본이 패한 후 미국의 임시통치를 거쳐 다시 일본에 반환되었다. 결과만 다를 뿐 역사의 큰 줄기는 우리나라와 닮은 꼴이라 할 수 있다.

"일본 토지에서 오키나와의 면적은 0.6%밖에 안 되는데, 일본 전체 미군의 70%가 오키나와에 모여있어요. 정말 말도 안 되는 일이에요."

사키마 미술관의 리셉션에서 팸플릿을 나눠주며 직원이 설명했다. 오키나와에 미군이 많다는 사실은 원래 알고 있었지만 이렇게 확실한 수치를 들으니 그 심각성이 피부에 확 와닿았다. 이 미술관이 있는 땅도 원래는 후텐마 미군기지에 속해있었지만, 현재 미술관 관장님인 사키마 미치오 씨가 반환 운동을 벌여 조상의 땅을 되돌려받고 미술관을 세운 거라고 한다. 그래서인지 바깥에는 미군기지와 미술관의 경계를 나누는 펜스가 있었고 거기엔 함부로 들어오지 말라는 경고 메시지가 붙어 있었다.

일전에 만난 친구 준이 이 사키마 미술관 관장님의 아들이자 직원이었기에 인사도 하고 문화생활도 하려고 겸사겸사 들른 참이었다. 미리 연통을 넣고 오지 않았음에도 그는 친절하게 전시 작품을 안내해 주겠다며 나섰다.

첫 번째로 본 작품은 로비에 걸린 알록달록한 무늬가 아름다운 일본 전통의상. 사진을 찍어도 된다고 해서 멀찍이서 카메라에 옷을 몇 장 담았다. 옷이 예쁘다고 말하자, 준은 가까이 가서 옷을 살펴보라고 했다. 그 말을 듣고 자세히 보니 아름다운 꽃무늬 사이사이로 전투기와 낙하산을 타고 내려오는 군인들이 있었다. 알록달록 그려진 전쟁의 상징들은 마

U. S. MARINE CORPS FACILITY
米国海兵隊施設
UNAUTHORIZED ENTRY PROHIBITED
AND PUNISHABLE BY JAPANESE LAW.
無断で立入ることはできません。
違反者は日本の法律に依って罰せられる。

치 평화로운 오키나와 곳곳에 있는 미군기지만큼이나 이질
적으로 느껴졌다.

사키마 미술관은 다양한 작가들의 작품을 소개하는 특별
전을 수시로 여는데, 내가 갔을 때는 하마다 치메이라는 반
전 예술가의 작품들을 특별전시하고 있었다. 준을 따라 이동
한 특별 전시실에는 약간은 그로테스크한 느낌의 그림과 조
형물들이 있었다. 다리가 잘린 채 목발을 짚은 남자, 철창 사
이로 손을 뻗는 남자, 크게 우는 아이 뒤로 지나가는 폭격기,
폐허가 된 건물 등, 전쟁의 끔찍함을 연상시키는 작품이 많
았다.

준의 설명에 따르면, 이 작가는 중국의 화북 산시성에서
일본군 초년병으로 4년간 전쟁에 참여했다고 한다. 그때의
트라우마 때문일까, 그의 작품들은 시종일관 칙칙한 분위기
였고 특히 미쳐가는 듯한 사람을 연상시키는 그림들도 많았
다. 전쟁을 겪은 이의 어두운 마음의 단면을 엿본듯해 왠지
숙연해졌다.

이 책에는 그의 작품을 싣지 못했지만, Hamada Chimei를

검색하면 그의 많은 작품을 볼 수 있다. 준의 말로는 이 하마다 치메이 씨는 아시아보다는 서양에서 유명한 작가라고 한다. 그래서인지 국내 포털 사이트에는 자료가 별로 없으니 궁금하신 분은 꼭 구글에서 찾아보시길.

마지막 전시실 이야기를 하기 전에 오키나와 전투에 대해 잠깐 이야기하고자 한다. 오키나와 전투는 제2차 세계대전이 끝나갈 무렵인 1945년 3월부터 6월 말까지 장장 3개월에 걸쳐 치러진 큰 전투이다. 2차 대전이 시작된 이후 일본 영토라 이름 붙여진 곳에서 처음 일어난 전투였기에, 일본군은 그야말로 사활을 걸고 전투에 임했다.

미군과 일본군이 원래는 독립국이던 오키나와 영토에서 대격돌을 벌이는 동안, 오키나와 주민들은 남녀노소 할 것 없이 징병당하고 또 물자를 차출당하며 크나큰 피해를 입었다. 그 피해는 미군이 승승장구하기 시작한 4월경부터 가장 끔찍한 형태로 정점을 찍었다. 바로 집단 자결이다.

미국에 빼앗기느니 차라리 파괴하는 게 낫다는 마음이었을까? 일본군은 죄 없는 민간인들에게 수단과 방법을 가리

지 않고 자결하라며, 미군에게 잡히면 더 처참한 꼴을 볼 거라며 있지도 않은 사실을 지어내 겁박했다. 이 전투에서 희생된 사람은 아직 정확한 집계조차 없으며 가해자와 피해자를 모두 합하면 공식적인 숫자만 약 24만 명에 달한다고 한다.

마지막 전시실의 네 면을 가득 채운 그림들은 이 집단 자결과 오키나와 전투의 참상을 그려낸 작품이다. 마루키 이리와 마루키 토시라는 두 예술가의 그림으로 제목은 '오키나와 전투의 그림(沖縄戦の図)'이다. 특히 전시실 입구에서 정면으로 보이는 큰 그림에는 집단 자결 피해자의 참혹한 모습들이 그려져 있다.

다음은 그림 한 귀퉁이에 새겨진 시이다.

恥ずかしめを受ける前に死ね
수치스러운 꼴을 당하기 전에 죽어라
手りゅうだんを下さい
수류탄을 주시오

鎌で鍬でカミソリでやれ

낫으로 괭이로 면도날로 죽여라

親は子を夫は妻を

부모는 자식을 남편은 아내를

若ものはとしよりを

젊은이는 늙은이를

エメラルドの海は紅に

청록빛 바다는 붉은빛으로

集団自決とは

집단 자결은

手を下さない虐殺である

손을 쓰지 않은 학살이다

- 마루키 이리, 마루키 토시의 〈오키나와 전투의 그림(沖縄戦の図)〉

  이 시에는 그날의 참상이 고스란히 담겨있다. 일본군의 겁
박을 그대로 믿은 사람들은, 사랑하는 이들과 자신의 목숨을
제 손으로 끊어야만 했다. 수류탄으로 단번에 죽을 수 있다

면 그나마 다행이었겠지만, 낫, 괭이, 면도날 등 조악한 도구에 목숨을 잃은 이들은 엄청난 고통을 느꼈을 것이다. 운 좋게 살아남은 사람들도 기억을 잃는 등, 많은 후유증을 겪었다고 한다.

그림의 등장인물의 눈동자는 모두 하얗게 비어있다. 이는 작가가 기억을 잃을 정도로 끔찍한 일을 겪은 이들의 눈동자를 함부로 그릴 수 없다는 판단을 내렸기 때문이라고 한다. 또한, 전장에서의 시신은 온전한 모습을 갖추고 있지 않은 경우가 많지만, 작가는 피해자에 대한 위로의 표시로 그들의 시신을 온전한 모습으로 표현했다.

"이렇게 끔찍한 일이 있었는데, 일본 역사 교과서에는 이 사건에 대한 언급이 거의 없어."

준이 말했다. 그는 오키나와가 일본에 편입되기 이전인 류큐의 역사에 대해서도 학교에서 제대로 가르치고 있지 않다며 고개를 절레절레 저었다.

미술관 옥상에는 총 29개의 계단이 있다. 옥상 가운데에 있는 6개의 계단을 오르면 그 위에 또 23개의 계단이 있고 그 앞에는 구멍이 뚫린 벽이 있다.

매년 6월 23일 일몰 시간이 되면 지는 햇빛이 그 안으로 정확히 들어와 아름다운 빛을 발한다. 이는 오키나와 전투의 희생자를 추모하는 6월 23일 위령의 날을 기리는 모뉴먼트이다. 비록 많은 이가 역사를 기억하려 노력하지 않아도, 사키마 미술관에서는 이렇게 조용히 그리고 꿋꿋하게 그때의 일을 기억하려 노력하고 있었다.

가벼운 마음으로 왔다가 숙연해져서 돌아가는데, 준과 직원분이 한국어로 된 팸플릿과 안내도를 몇 장 더 챙겨주며 말했다. 이곳엔 외국인 손님이 잘 오지 않지만, 한국인 관광객들은 의외로 많이 찾아 주신다고. 그래서 아직 영어 버전도 없는데 한국어로 된 팸플릿을 먼저 제작했다고 한다.

주변에 아무것도 없는 기노완시의 고요한 미술관에 한국인이 많이 찾아오는 건, 아마 우리에게도 비슷한 상처가 있어서 그런 게 아닐까. 부디 더 많은 이들이 사키마 미술관을 찾아 이 아픈 역사를 함께 기억해 주기를 마음속으로나마 기도해보았다.

에이사의 거리,
코자

    스나베를 떠나기 이틀 전, 아직 다음에 갈 곳을 정하지 못한 채 제방 위를 산책했다. 어디를 가야 좋을까. 후보지는 북부의 나고시와 세련된 가게가 많다는 요미탄손, 해양 스포츠와 아름다운 바다를 즐길 수 있는 온나손 등이었다.

    스케줄을 미리 정해서 왔으면 좋으련만, 워낙 즉흥적인 걸 좋아하는 성격 탓에 계획다운 계획이라고는 아무것도 없는 상태였다. 그래도 당장 오늘의 계획은 있었다. 바로 오키나와시 투어. 무려 현지인인 타마모토와 준이 관광 안내를 맡은 나름 호화로운 투어였다. 친구들은 오후 3시쯤 만나기로 했으니 그 전에 배를 채워야 했다.

어디서 밥을 먹을까 고민하다가, 트립 어드바이저가 추천한 스나베의 햄버거 맛집이라는 고디스 Gordies 에 갔다. 붉은색으로 알록달록 칠해진 가게의 목조 건물은 주변의 야자수, 영어 간판과 어우러져 가보지도 않은 미 서부 캘리포니아를 연상케 했다. 가게 내부도 아기자기한 아이템으로 잘 꾸며져 있어 구경하는 맛이 있었다. 하지만 그 맛보다 더 중요한 건 햄버거의 맛.

햄버거는 언뜻 보기에는 평범한 것 같았다. 넘칠 듯한 토핑도, 거대한 고기도, 주체할 수 없이 흘러나오는 치즈도 없었다. 약간 실망한 채 햄버거를 한 입 베어 물었는데, 음? 이거 의외로 맛이 괜찮네! 햄버거 속 내용물은 과하지 않아 서로 조화를 이루고 있었고 버거의 번은 폭신하면서도 쫄깃했다. 무엇보다 버거 안의 채소가 정말 싱싱했다. 기본에 충실한 버거라고 해야 하나? 이 정도면 그럭저럭 나쁘지 않다. 맛집 합격!

버거를 다 먹고 아무 생각 없이 제방에 앉아있으니, 곧 타마모토와 준이 차를 끌고 등장했다. 열악한 오키나와의 대

중교통에 괴로워하던 내게는 참 단비 같은 친구 찬스라고 할 수 있다. 오늘 가는 오키나와시는 타마모토와 손다 청년회 친구들의 고향으로, 오키나와에서 가장 큰 기지로 손꼽히는 가데나 미군 기지가 있는 곳이다. 이 가데나 미군 기지의 2번 출입구로 이어지는 큰 거리를 흔히 게이트 거리(ゲ―ト通り)라고 부른다. 친구들은 이 게이트 거리에 있는 오키나와시 전후 문화 자료 전시관 히스트리트 HISTREET 로 날 데려갔다.

전시관 안에는 주로 전후 오키나와시의 역사와 사람들의 생활이 전시되어 있었다. 오키나와시는 원래 코자시와 미사토손이라는 독립된 두 개의 행정구역이었는데 1974년 지금의 오키나와시로 합병되며 이름이 바뀌었다고 한다.

이 히스트리트 전시관이 있는 게이트 거리는 원래 코자시에 속한 지역으로 지금도 코자라 불리고 있다. 오키나와시는 전후에 미군 기지에 의존하는 경제 체계를 갖고 있었지만, 미군 정부가 미군과 그들의 가족이 민간구역에 출입할 수 없게 오프리미트라는 규제를 가해 엄청난 경제적 피해를 당한

적이 있다고 한다.

그 외에도 이런저런 사건이 있어, 히스트리트의 전시물에는 미군정 하에서 오키나와시가 입은 피해와 그에 대한 시민의 저항을 다룬 내용이 많았다. 하지만 그 외에도 사진이나 자잘한 소품 등 볼거리가 많아 재미있게 관람할 수 있었다. 내부는 아쉽게도 사진 촬영이 금지되어 흥미로운 것들을 카메라에 담아올 수 없었다. 하지만 입장료가 무료이기도 하고 다음에 생각나면 언제든 또 오면 되겠지.

전시관을 나와 차를 타고 손다 청년회 친구들이 사는 동

네를 한 바퀴 쭉 둘러보았다. 길은 좁고 굽이지고 경사가 있어 돌아다니는 동안 조금 안타까운 마음이 들었다. 왜냐면 청년회 사람들이 오키나와의 추석인 큐봉(旧盆, 음력 7월 15일)에 이 골목을 전부 돌면서 에이사를 춰야 하기 때문이다. 조상이 무사히 하늘로 돌아가고 각 가정의 안전과 건강을 기원하는 의미의 퍼포먼스다. 조금 다행이라면 보통 동네를 돌아다니며 춤을 추는 건 혈기 왕성한 20대 초반의 친구들이라고 하니, 나이가 어느 정도 있는 타마모토나 준은 이 의무에서 제외된다. 젊은 친구들 파이팅!

동네를 다 둘러봤으니 이제 다음 장소로 향할 차례. 이번에는 코자 뮤직 타운에 위치한 에이사 회관으로 갔다. 이곳은 에이사의 역사를 한눈에 볼 수 있는 박물관이다. 입장료는 성인 300엔, 아이는 100엔으로 비싸지 않다.

이쯤에서 에이사가 대체 뭔지 궁금한 분들이 계실 것이다. 에이사는 각 지역구 단위로 결성된 청년회 사람들이 큐봉날 대열을 갖춰 돌아다니면서 추는 춤을 말한다. 큰 북과 작은 북을 들고 다니며 산신의 선율과 박자에 맞춰 모두가 일제히

춤추며 북을 치는 굉장히 파워풀한 춤이다. 북을 들지 않고 막대 두 개를 부딪치거나 손뼉을 치며 추기도 한다.

매년 큐봉이 끝난 후 에이사 축제가 3일간 열리는데, 각 지역 청년회는 이 축제에서 돋보이려고 최선을 다해 에이사를 갈고 닦는다. 이 에이사 축제가 어찌나 멋있는지 일본 본토에서도 구경하러 오는 사람이 제법 된다고.

에이사는 본래 지역구에서 전통을 간직하며 추던 춤이었는데, 전후에 경제가 좋지 않아 삭막해진 분위기를 띄우기 위해 코자시에서 에이사 콩쿠르를 열었던 것이 에이사 축제

의 시초다. 1956년에 시작된 에이사 콩쿠르는 1977년에 에이사 축제로 바뀌었다. 공식적인 입장으로는 '미적 가치가 다른 각지의 에이사를 하나의 기준으로 심사하는 것은 옳지 않기에 콩쿠르를 축제로 전환했다'라고 하지만, 타마모토의 말에 따르면 콩쿠르 때 1등을 두고 경쟁이 너무 심해 유혈사태까지 일어나는 경우가 잦아서 바뀐 것이라고. 공식적인 입장은 아니지만, 타마모토가 말해 준 이유가 더 흥미롭긴 하다.

에이사 회관에서 VR기기로 에이사를 감상하고, 에이사 의

상도 입어보고 했더니 어느새 저녁이 되었다. 우리는 손다 청년회의 OB, 즉 대선배가 운영하는 류노 사카바(龍の酒場, 용의 술집)라는 곳에서 류큐 요리와 전통 술 아와모리를 마셨다.

역시 청년회 대선배의 가게답게 가게 안에는 산신이 비치되어 있었고, 대선배님의 한 곡조 뽑아보라는 요청에 타마모토가 산신을 치고 준이 그에 맞춰 전통가를 불렀다. 아니 다른 손님들도 계시는데…. 이런 걸 보면 오키나와 사람들은 정말 흥이 많은 것 같다.

자리를 끝내고 2차로 간 곳은 바로 미야코 소바(宮古そば)라는 오래된 오키나와 소바집이었다. 우리나라 사람들이 술을 마시고 해장국을 먹으러 가듯, 오키나와 사람들은 소바로 해장을 한다고. 진짜인지 아닌지는 모르지만, 이곳의 담백한 국물을 먹으니 속이 풀리기는 하더라. 역시 현지인의 추천은 무시할 수 없는 것 같다.

가게에서 나와 주차된 차를 찾으러 다 함께 게이트 거리로 나왔다. 날이 어두워지자 거리에는 사람이 거의 보이지 않았다. 낮에 볼 땐 몰랐는데, 한적한 거리를 다시 보니 이 거리의 간판은 대부분 영어로 적혀있었다. 미군기지 앞이라서 그런가? 여기가 지금 미국인지 오키나와인지 순간 헷갈렸다. 심지어 클럽 앞에 가드도 외국인이더라. 준은 미군에 의한 사건 사고가 잦으니 이곳에서는 절대 밤늦게 돌아다니면 안 된다고 당부를 거듭했다.

확실히 혼자선 돌아다니기 조금 무서워 보이는 길이긴 하다. 친구들은 고맙게도 대리운전(代行, 다이꼬 - 우리나라는 대리운전이라 부르지만 일본에서는 대행이라고 부른다. 여행 중 렌터카 가지고 술 마시는 분들은 카운터에 대행을 불러 달라 하면 숙소까지 편히 갈 수 있다)을 불러 날 숙소까지 데려다줬다. 정말 친구 찬스 한번 제대로 썼다. 고맙다, 친구들아!

평범한 풍경 속에서도
새로움을 느낄 수 있는 것이 여행

3장 온나손

다시
나하로

"1박에 1,700엔? 이게 말이 돼?"

스나베를 떠나기 전날, 다음에 갈 목적지와 숙소를 알아보던 중이었다. 에어비엔비에 이것저것 입력해 보며 숙소 가격을 비교하던 중, 온나손을 입력하니 놀랍게도 1박에 1,700엔짜리 개인실이 나왔다. 그것도 개인 욕실까지 딸린 방이. 정말 말도 안 되는 가격이라 혹시 사기가 아닌지 살펴봤지만, 요리보고 조리봐도 수상한 점은 찾아볼 수 없었다.

이전에 머문 사람들이 쓴 후기마저도 칭찬 일색으로 완벽했다. 위치는 만좌모 바로 옆. 북부와 중부의 중간이었다. 중간이니 어느 곳이든 마음만 먹으면 가기 좋을 것 같았기에,

속는 셈 치고 모레부터 4박을 예약했다. 다음에 갈 곳 결정
과 숙소 예약이라는 큰일을 마쳤으니 이제는 아무것도 하지
않을 차례였다. 그날은 숙소에서 한참을 뒹굴거리며 영화를
보고 한가로이 제방 위를 산책했다.

다음날, 트랜짓 카페에서 마지막 브런치를 먹고 나하로 향
했다. 왜 위로 안 가고 도로 아래쪽인 나하로 향하느냐 하면
거기엔 약간 복잡한 사정이 있었다. 북부로 숙소를 옮기려
결심했을 때, 구글 지도로 교통편을 찾아보았다. 하지만 여
기서 바로 가는 방법은 나오질 않고 전부 나하로 다시 돌아
갔다가 거기서 북부행 버스를 타는 방법밖에 나오지 않았다.
분명 바로 가는 버스가 존재할 텐데, 오키나와 버스 앱을 깔
아 봐도 도통 찾을 수가 없었다.

잔뜩 약이 올라 오키나와 출신 친구 유타에게 라인으로 투
덜댔다. "오키나와는 왜 이렇게 교통편이 안 좋아?"

유타는 10년 전 호주 워킹 홀리데이를 갔을 때 같은 일본
라면집에서 일했던 것을 계기로 지금까지 인연을 이어오고
있는 친구이다. 아쉽게도 지금은 캐나다에 있어 만나지는 못

하지만. 어쨌든 내 불평을 듣던 그는 이렇게 말했다.

"그럼 나하로 다시 가야 하는 거야?"

"응."

"잘됐네, 내 친구 소개해 줄 테니 둘이 만나서 놀면 되겠다."

그렇게 나의 오키나와 교통 불만에 대한 답은 듣지 못한 채, 그날 저녁 뜬금없이 유타의 친구 미사키를 나하에서 만나기로 했다.

20대 중반의 오키나와 여성, 한국에 관심 많음, 유타의 절친. 그녀에 대해 알고 있는 건 딱 이 세 가지 정보밖에 없었다. 조금 낯가림이 있는 나로서는 약간 어색할 것 같아 걱정되기도 했지만, 지난번 남의 동창회에서도 재미있게 놀아본 경험이 있으니 괜찮을 거라고 마음을 다독였다.

나하에 도착해 하루 신세를 질 케라마 게스트하우스에 체크인했다. 하루만 머물 예정인지라 다른 건 안 보고 위치와 가격만 보고 선택한 곳이었다. 건물은 전체적으로 허름하고 시설도 딱히 좋지 않아 마음에 썩 들지는 않지만, 나하치고는 굉장히 저렴한 하룻밤 1,800엔이라는 가격이 내 불만을 잠재웠다.

짐을 대충 정리해두고 공항 면세점에서 기념품으로 몇 개 사온 초코파이 모양의 핸드크림을 챙겨 공용 공간으로 내려왔다. 밖에는 비가 추적추적 내리고 있었다. 그냥 무시하고 나가기엔 많은 양의 비였다. 어떡하나 발만 동동 구르고 있었지만, 한참이 지나도 비는 그칠 생각을 안 했다. 어느새 약속 시간이 가까워졌기에 미사키에게 늦는다고 말하려 핸드폰을 꺼냈다. 하지만 핸드폰에는 늦을 것 같다는 그녀의 라인 메시지가 먼저 와 있었다. 정말 다행이었다.

한국에 코리안 타임이 있다면 오키나와에는 '우치나 타임'이 있다. 우치나 타임이란 오키나와 사람들의 여유로운 시간 감각을 이르는 말로, 원래 계획한 시간보다 무언가를 늦게 하게 될 때 쓰는 말이다. 난 이런 단어가 '코리안 타임'만 있는 줄 알았는데, 다른 나라에서도 이런 경우에는 자신들을 이르는 고유명사를 붙여 ○○타임이라는 표현을 한다고 하더라.

어쨌든, 이것은 코리안 타임과 우치나 타임의 대결이었다. 그야말로 자강두천, 자존심 강한 두 천재의 대결이라 아니할 수 없었다. 물론 진 것은 나다. 게스트하우스 직원이 우산을 빌려줘서 먼저 나올 수밖에 없었다….

어쨌든, 우리는 우여곡절 끝에 만나 나하의 유명한 먹자골목인 야타이무라(屋台村, 포장마차 거리)로 갔다. 야타이무라에는 여러 가게가 있었지만, 둘 다 배가 고팠기에 제일 먼저 눈에 띈 준짱(じゅんちゃん)이라는 가게에 들어가 술을 마셨다.

미사키는 예전에 한국인 남자친구를 사귄 적도 있었고 한국에 관심이 많다고 했다. 그래서 유타가 나를 소개해 준다고 했을 때도 망설임 없이 수락했다고 한다.

고야 찬푸루가 별로였다 말하는 내게, 그녀는 이건 맛있을 거라면서 후-찬푸루라는 요리를 주문해 줬다. 후-는 밀기울을 뜻하는 오키나와어라는데, 한입 먹어 보니 달걀 물을 입힌 후-의 쫄깃하고 담백한 맛이 참 마음에 들었다. 그녀는 뒤이어 모즈쿠 튀김(큰실말에 밀가루 옷을 입혀 튀긴 요리)과 우미부도(바다 포도) 등을 주문했다. 튀김이야 두말할 것 없이 맛

있었고 우미부도는 짰지만 입안에서 오도독오도독 터지는 맛이 참 재미있었다.

맥주를 마시며 이야기를 주거니 받거니 하던 중, 옆 좌석에 한 중년 여성분이 와서 앉았다. 우리가 카운터 위에 있는 뱀술 이야기를 하던 도중이었다.

"저거 마셔본 적 있어?"

"아니 나도 안 마셔봤어. 오키나와 사람들은 저거 안 마셔."

미사키가 그렇게 말하자 중년 여성분이 말을 걸어왔다.

"하브술(ハブ酒, 오키나와어로 뱀을 '하브'라고 부른다)은 피부에 아주 좋아. 나는 가끔 마시는데. 한 번 마셔보는 게 어때?"

그 말을 듣고 뱀술통을 쳐다봤다. 정확히는 그 안에 입을 쫙 벌린 채로 죽어있는 뱀을. 못 마신다. 이건 절대 못 마신다. 여성분께 저건 도저히 사람이 마실 게 아니라고 했더니, 그분은 호탕하게 웃었다. 그분은 야타이무라에서 일하는 사람인데 오늘 일이 끝나고 한잔 걸치고 집에 가는 중이라고 했다.

야타이무라에서 일한다면 뭐가 맛있는지 알고 있을 것 같아 무슨 술이 제일 맛있냐 여쭤보았다. 그분은 곧바로 '류큐왕국'이라는 아와모리를 추천해 주었다. 추천받은 술을 한 잔 주문해 마셔봤다. 솔직히 다른 아와모리보다 조금 부드러운 거 빼고는 별다른 차이점이 없었다. 게다가 물로 희석한 것도 아니고 얼음만 넣은 것이라 마시기 힘들었다.

그러자 그분은 아와모리를 맛있게 마시는 좋은 방법이 있다며 가게 사장님을 불러 술잔에 커피를 부어달라고 말했다. 커피 탄 아와모리를 다시 마시니, 이번엔 커피 향이 아와모리의 쓴맛을 덮어줘 술이 목구멍으로 술술 넘어갔다. 이런 꿀팁을 알려준 그분께 너무 감사해서 아까 챙겨나온 2개의 핸드크림 중 하나를 드렸다.

야타이무라를 빠져나와 미사키와 술 한 잔을 더 걸치고 숙소로 돌아왔다. 마침 숙소의 로비에서 술판이 벌어지고 있길래 냉큼 가서 끼었다. 게스트하우스라 그런지 머무는 사람들의 나이는 대부분 20대 초중반이었다. 술자리에 있던 사람 중에는 게스트하우스에서 직원으로 일하며 숙박비를 면제

받고 장기투숙하는 사람도 있었고, 대학 입학 전 여행을 떠나온 사람, 곧 오키나와에서 일하게 되어 집을 구하러 온 사람도 있었다.

평생 접점이 없었을 다양한 연령대와 국적의 사람들이 모여 도란도란 술을 마시고 SNS상으로 친구를 맺어 인연을 이어가는 건 참 재미있는 일이다. 하지만, 너무 재미있게 논 나머지 술자리는 새벽 5시가 넘어서야 끝나버리고 말았다.

북부
일일 투어

스나베에서 나하로 오던 도중의 일이다. 준이 뜬금없이 메시지를 보냈는데, 내용인즉슨 내일이 자기 휴일이니 가고 싶은 곳이 있으면 같이 가 주겠다는 것이었다. 마침 잘됐다. 24인치 캐리어에 배낭까지 지고 만좌모에 갈 생각을 하니 암담했었는데, 잘하면 편히 갈 수 있겠다 싶었다. 그래서 차가 없으면 가기 힘든 곳, 비세 후쿠기 가로수길과 모토부항에 가 보자고 했다. 준은 알겠다고 하더니 츄라우미 수족관과 오키나와 소바집을 추가로 제안했다. 나는 그 제안을 받아들였고 그와 오전 9시에 만나기로 약속했다.

신나게 술판을 벌이다 맞이한 동틀 녘 아침… 지금 잤다가 그때 일어날 자신은 전혀 없었다. 하지만 쏟아지는 잠을 이길 수는 없었다. 결국 앉아서 선잠 드는 절충안을 택했지만, 정신을 차리니 어느새 약속 시간인 아침 9시가 되기 10분 전이 되어있었다. 놀라서 급하게 준에게 전화를 하니 자기도 30분가량 늦는다고 걱정 말라고 한다. 우치나 타임 정말 최고다.

부랴부랴 준비하고 약속 장소에 나가 준을 만났다. 이날은 날씨가 유독 화창해 구름 한 점 없는 하늘이 끝없이 이어졌다. 얼른 북부로 가기 위해 뷰를 포기하고 해안도로가 아닌 고속도로를 탔는데, 하늘이 워낙 맑아서인지 고속도로에서 보는 풍경도 나쁘지 않았다.

중간에 휴게소에 들러 츄라우미 수족관 입장권을 샀다. 수족관에 가서 사기보다 이렇게 휴게소나 편의점에서 사면 조금 더 싸다고 한다. 실제로 200엔 정도 더 쌌던 것 같다. 중간에 들른 휴게소에는 전망대 같은 곳이 있었는데 그곳에 서니 저 멀리 깊은 코발트블루 빛 바다가 한눈에 들어왔다. 바다를 보며 크게 기지개를 켜니 찌뿌둥한 몸이 확 풀리며 답답

했던 속이 뻥 뚫렸다.

　수족관 근처에 도착하자 어느새 배고플 시간이 되어있었다. 둘 다 아침 식사를 거르고 나왔기에 수족관에 가기 전 배부터 채우기로 했다. 준은 강력추천하는 오키나와 소바 맛집이 있다며 '기시모토 식당' 본점으로 날 이끌었다.

　하지만 기시모토 식당 앞에는 해외에서 온 단체관광객 수십 명이 줄을 서 있어 여기서 밥을 먹으려면 최소 한 시간은 기다려야 했다. 숙취에 찌든 내 위는 간절히 음식을 원하고 있어 상당히 곤란하던 참이었다.

　뜻이 있는 곳에는 언제나 길이 있는 법. 이 기시모토 식당은 아주 잘나가는 식당이라 그리 멀지 않은 곳에 분점이 존재했다. 우리는 기다리기 싫다는 점에서 합의를 본 후 분점으로 향했다. 기시모토 식당 야에다케점, 그곳은 본점보다 더 넓고 깔끔한 분위기인데다가 별로 붐비지 않았다.

　자판기에서 오키나와 소바와 쥬시의 티켓을 뽑고 널찍한 창문 앞으로 자리를 잡았다. 숙취 때문에 골골대는 내 모습을 보던 준은 이번에야말로 오키나와 소바의 참맛을 느낄 수 있을 거라며 기뻐했다. 자기들은 술 마신 다음에 꼭 오키나와 소바로 해장을 한다면서 말이다.

오키나와 소바가 나오자 제일 먼저 국물을 들이켰다. 뜨겁고 담백한 국물이 위장을 달래주었다. 준은 자기 말이 맞지 않느냐는 듯한 의기양양한 표정으로 테이블에서 뭔가를 집어 내게 보여줬다. 코레구스(コーレーグース)라는 단어가 적혀 있는 작은 병이었다. 그 안에는 투명한 액체에 작은 고추가 동동 떠다니고 있었다. "이걸 조금 뿌리면 국물이 더 맛있어질 거야."

현지인의 추천이니 속는 셈 치고 몇 방울 툭툭 뿌려보았다. 기분 탓인지 모르지만 풍미가 좀 달라진 것 같았다. 약간  국물이 시원해진 것 같기도 하고? 이게 뭐냐고 물어보니 아와모리에 고추를 넣어 만든 조미료라고 한다. 아와모리는 술인데 조미료로도 쓰인다니, 오키나와 사람들의 아와모리 사랑을 새삼스럽게 깨달을 수 있었다.

기시모토 식당의 오키나와 소바는 준이 장담한대로 정말 담백하고 맛있어 숙취가 확 풀렸다.

츄라우미 수족관은 해양 엑스포 공원 안쪽에 있었다. 주차장에 차를 세우고 공원 입구로 발을 들이는 순간, 눈에 확 들어오는 코발트블루 빛 바다에 시선을 빼앗겼다. 저 멀리 있는, 바위산이 우뚝 솟은 섬도 선명하게 보였다. 준이 말하길, 이에지마(이에섬)라는 곳인데 바위산은 맑은 날에만 선명하게 볼 수 있다고 한다.

츄라우미 수족관에 들어서자 수족관 초입부터 멋진 광경이 기다리고 있었다. 수족관은 자연광이 그대로 들어올 수 있도록 설계되어, 맑은 날이면 하늘에서 내려오는 햇살이 수조를 비춰 아름다운 풍경을 연출한다. 오늘이 딱 그랬다. 마침 시간도 해가 중천에 걸린 낮 12시. 파란 수족관 안에 여러 갈래로 부서져 내린 따듯한 햇살에 감동이 물밀듯 밀려 들어왔다. 준도 이런 날씨에 츄라우미 수족관에 와본 것은 처음이라며 연신 감탄을 금치 못했다.

동아시아 최대규모이자 세계 제3위 크기의 수조(수조의 크

기는 높이 8.2M, 폭 22.5M, 넓이 35M)를 자랑하는 메인홀의 수족관에는 거대한 만타가오리와 고래상어가 압도적인 존재감을 내뿜으며 각양각색의 물고기들과 어울리고 있었다.

물고기들을 한참 구경하다 수조 밑에 아치형 공간을 만들어둔 곳을 발견했다. 그 안에 설치된 계단에 앉아 위를 올려보니 마치 수조 안에 들어간 기분이 들었다. 햇살이 수조를 지나 나에게 닿는 게 느껴져 잠시 말없이 가만히 앉아있었다. 준도 말없이 위를 올려보고 있었다. 오키나와 어로 '츄라'가 아름답다는 뜻이라더니, 정말 이름값 하는 아름다운 곳이었다.

수족관 내부를 전부 감상한 뒤 밖으로 나와 기념품으로 고래상어 모양의 젓가락 받침대를 샀다. 해양 엑스포 공원의 무료관람 구역에서 거북이를 구경한 후 오키짱 극장으로 향했다. 준은 약간 상기된 표정으로 오키짱은 25년째 수족관에서 현역으로 공연하는 오키나와의 상징 같은 돌고래라고 했다. 그는 이제 십여 분 정도만 기다리면 오키짱의 공연이 시작되니 보고 가자고 말했다.

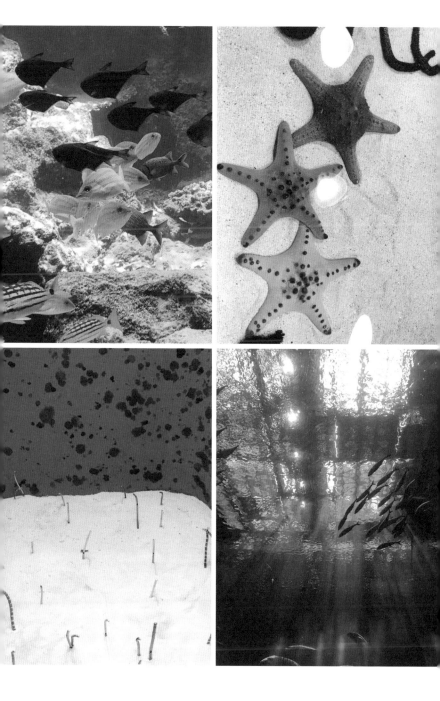

25년쯤 부려 먹었으면 이제 자연으로 돌려보내거나 쉬게 해줘도 되는 게 아닐까? 오키짱 이야기를 들었을 때 솔직히 이런 생각이 먼저 들었다. 고래는 지능이 높으니 고래가 있는 수족관에는 가지 말자는 동영상을 인터넷에서 본 이후로 수족관은 물론 동물원에도 안 가던 나다. 하지만, 모처럼 오키나와까지 왔으니 한 번쯤은 괜찮지 않을까 싶어서 수족관에 왔는데, 오키짱 이야기를 들으니 역시나 마음이 다시 안 좋아졌다.

물론 그렇게 따지면 대수족관 안에 있던 고래상어나 다른 물고기들도 수족관 안에 가두고 보면 안 되는 것이지만, 유독 수족관 내에서 폐사했다는 뉴스가 자주 들리는 돌고래만큼은 정말로 보고 싶지 않았다. 이미 모순된 사고방식으로 다짐을 한 번 어겼지만, 그래도 마음속으로 정해둔 마지막 선은 넘고 싶지 않아 준에게 어서 비세 후쿠기 가로수길에 가자고 재촉하며 해양 엑스포 공원을 빠져나왔다.

비세 후쿠기 가로수길은 먼 옛날 비세 마을이 비바람으로 인한 피해가 심각해지자, 당시의 왕이 복나무(후쿠기)를 심어

방풍림을 조성해 마을을 보호하라는 명령을 내려 만들어진 길이라고 한다. 몇백 년의 세월이 지나 그 길이 이렇게 유명한 관광지가 될 줄 누가 알았을까?

가로수길에 들어서니 나뭇잎 사이로 비가 내리듯 빛이 쏟아져 몽환적인 분위기를 자아냈다. 너무 현실적이지 않아 우리는 한동안 말없이 걷기만 했다. 가로수를 따라 길게 늘어진 집들은 저마다 시샤와 화분 등으로 대문과 벽면을 개성 있게 꾸며놓아 보는 재미가 쏠쏠했다.

길을 따라가니 물 맑은 해변이 우리를 기다리고 있었다. 방금까지만 해도 깊은 코발트블루 빛 바다를 보았는데 이제 내 눈앞에 있는 건 투명한 에메랄드빛 바다였다. 해변에서 바다 쪽으로 툭 튀어나온 사각

의 제방으로 가 아래를 바라보니 작고 귀여운 가시 복어들과 이름을 알 수 없는 예쁜 물고기들이 노닐고 있었다. 준은 옆에서 저건 된장국을 끓이면 맛있다며 입맛을 다시고 있었다. 보통 예쁘게 생긴 물고기는 못 먹지 않느냐고 물으니 그는 오키나와 바다에서 잡히는 물고기 중 먹을 수 없는 건 없다고 단호히 말했다.

모토부항에도 들러 사진을 몇 장 찍은 후 만좌모 근처에 있는 숙소로 돌아가는 길이었다. 차를 타고 한참을 달리는데 화장실 신호가 갑자기 오기 시작했다. 10분⋯ 20분⋯ 시간이 흐르고, 아무리 친구라지만 창피해서 차마 입 밖에 내지 못했던 한마디를 결국은 하게 됐다. 야, 나 화장실 엄청 급한데 어디 갈 곳 없니?

준은 당황하며 지금 이 근처에는 화장실이 있을 만한 곳이 없다고 했다. 일본 편의점에는 개방된 화장실이 있기에 편의점이라도 있길 바랐건만, 우리는 고속도로를 달리고 있었기에 어림도 없었다. 인고의 시간이 이어지던 순간, 준이 뭔가를 퍼뜩 떠올리고 말했다.

"딱 한군데 가까운 곳이 있어!"

"어딘데?!"

"부세나 테라스!"

부세나 테라스, 이곳이 어떠한 곳이냐. 바로 2000년 G8 규슈 오키나와 서밋이 열린 만국진량관(万国津梁館)이 있고, 당시의 미 대통령 빌 클린턴을 비롯한 각국의 수뇌가 묵어간 오키나와의 자랑이라 할 수 있는 5성급 특급 호텔이다. 그러니까 거기 들러서 로비 화장실만 빌려 큰일을 치르라는 말이지? 조금 쪽팔렸지만 선택지는 부세나 테라스와 노상 방뇨 둘밖에 없었기에 준의 말을 따를 수밖에 없었다. 나는 비장하게 고개를 끄덕였고 우리는 곧 부세나 테라스에 입성했다.

급한 일을 끝낸 후, 밖으로 나오자 저어기 먼 곳에서 나를 부르는 소리가 들렸다. 준은 웃으며 "직원이 와서 무슨 일로 왔냐고 물어봤는데, 좀 창피해서 손님 픽업하러 왔다고 거짓말했어." 너도 창피했구나, 내가 정말 미안하다! 어쩔 수 없는 상황이었지만 시설을 무단으로 사용해서 부세나 테라스 호텔에도 이 기회에 사과드리고 싶다.

어느덧 일일 투어의 마지막 코스인 만좌모에 왔다. 만좌모란 만 명이 앉을 만큼 넓은 바위라 해서 붙여진 이름이다. 우리나라에는 코끼리 바위라는 이름으로 유명하다. 절벽 아래로 거센 파도가 치는 깊은 바다가 보였다. 마침 해 질 시간이라 석양이 아름답게 내려앉아 하늘과 바다, 그리고 갈대를 붉은빛으로 물들였다. 친구가 있었기에 가능했던 모토부에서의 멋진 하루는 이렇게 마무리되었다.

예약한 에어비엔비는 만좌모 바로 옆이라 해도 좋을 정도로 가까운 곳에 있었다. 너무 싼 가격에 기대도 하지 않았지만, 방의 상태는 사진에 나온 것보다 훨씬 좋았다. 원래는 만좌장이라는 여관이었다는 이 숙소는 세월의 흔적이 조금 느껴졌지만, 전체적으로 깔끔했다. 여행 초반에 없었던 숙소 운이 이제야 생겼나보다 싶어 흐뭇했다.

짐을 정리하고 침대 위에 걸터앉았다. 숙소에 들어오고 나니 정신없이 보낸 하루의 피로가 이제야 몰려오는 느낌이었다. 내일부터는 좀 느긋하게 지내봐야지, 조용한 창밖을 바라보며 그렇게 다짐했다.

오리온 맥주 공장
투어

앞에도 적었듯, 난 오키나와에 대해 아는 게 거의 없었다. 그래서 만좌모가 얼마나 한적한지도 미처 알지 못했다. 설마 카페 하나 없는 동네일 줄이야. 어느 날은 숙소 주변 카페에서 일해보겠다고 2킬로짜리 노트북을 짊어지고 구글 지도에 나온 카페를 찾아갔는데, 그 카페가 폐업을 한 게 아니겠는가.

어쩔 수 없이 구글 지도에 나온 가장 가까운 카페까지 무려 30분을 더 걸었다. 하지만 그곳에는 앉아서 일할 수 있는 테이블 딸린 좌석이 없었다. 참고로 그 카페의 가장 저렴한 음료는 무려 900엔짜리 스무디였다. 맛은 좋더라만….

이런 사정으로 원래도 고즈넉이 지내려고 했던 계획에 타의까지 합쳐져 며칠간 아주 느긋한 하루하루를 보내고 있었다. 하지만, 숙소가 마음에 들어 며칠 더 연장까지 해둔 마당에 이렇게만 지낼 수는 없었다. 여행 카페를 뒤져 이 근처에서 할 수 있는 재미난 일을 찾기 시작했다. 그렇게 찾은 게 바로 오리온 맥주 공장 투어이다.

국산 맥주 중에서는 카프리, 수입 맥주 중에서는 코로나 등 여름에 마시기 좋은 가벼운 맥주를 선호하기에 오키나와에 처음 왔을 때 마신 오리온 맥주가 정말 마음에 들었다. 그런데 공장에서 갓 나온 오리온 맥주를 마실 수 있다니. 이런 건 당장 가줘야 한다.

만좌 비치 앞 정류장에서 나고 방면으로 향하는 버스를 타고 오리온 맥주 박물관에 갔다. 이번에는 숙소 앞에

바로 버스정류장이 있어서 박물관까지 쉬이 찾아갈 수 있었다. 무작정 들어간 박물관에서는 운전 여부를 묻더니 자그만 배지를 하나 주었다. 견학 비용은 무료. 예약하지 않으면 견학을 할 수 없나 싶어 살짝 걱정도 됐지만, 다행히 견학을 할 수 있었다.

안내 데스크 직원이 나눠준 한국어로 적힌 안내 책자를 들고 2층으로 향했다. 오리온 맥주의 변천사를 구경하며 약 10분 정도 기다린 후, 투어가이드의 인솔을 따라 공장 안으로 들어갔다. 공장 내부의 사진은 찍을 수 있지만, 동영상은 촬

영할 수 없었다. 브이로그 형식으로 공장을 촬영하려던 꿈과 셀카봉은 고이 접어 가방 안에 넣었다. 어차피 공장이 가동되지 않는 날이라 그다지 아쉽지는 않았다. 역동적인 생산라인의 모습을 직접 볼 수 있었다면 더 좋았겠지만 말이다.

투어 도중, 창문 밖으로 오리온 맥주가 담긴 흰 탱크가 보였다. 가이드는 탱크를 가리키며 저 지름 5m, 높이 19m의 탱크 하나에 150년간 하루에 10병씩 마실 수 있는 양의 맥주가 들어있다고 말했다. 더 놀라운 건 에이사 축제 기간에는 탱크 2개 분량의 맥주가 하루 만에 소비된다고 한다. 정확한 숫자를 들으니 오키나와 사람들의 에이사와 맥주 사랑이 피부에 더 확 와닿았다. 맥주 효모의 이름도 재미있었는데, 오리온 맥주 공장이 위치한 이 나고시의 이름을 따서 '나고오이시이(나고 맛있다)'라고 지

었다고. 오리온 맥주에 대한 나고 사람들의 자부심을 느낄 수 있었다.

투어가 시작된 지 약 20여

분의 시간이 흘렀을까, 드디어 이 투어의 하이라이트가 다가
왔다. 바로 시음 시간. 예전에 삿포로 맥주 공장과 에비스 맥
주 공장 견학을 하러 갔을 때 확실히 깨달은 바가 있다. 그건
맥주 공장에서 마시는 술이 최고 맛있다는 사실이다. 정확히
표현할 수는 없지만, 공장에서 갓 나온 술의 맛은 기존의 캔
맥주, 심지어 술집에서 파는 생맥주와도 확실히 다르다.

술은 1인당 2잔씩 제공되었다. 나눠준 견과류 봉지를 뜯어
안주를 세팅하고 받아온 맥주를 한 모금 마시는 순간, 입안
가득 청량감이 맴돌며 맥주의 신선한 맛이 느껴졌다. 비유하
자면 공장에서 먹는 맥주는 갓 잡은 활어회이고 편의점에서
파는 캔맥주는 동네 술집에서 파는 숙성한 회 같달까. 숙성
회는 풍미와 식감에서는 앞설지 모르지만 활어회는 신선함
하나만으로 모든 조건을 압도해 버리지 않는가.

무료 제공 맥주 2잔을 뚝딱 해치우고도 그냥 가기 아쉬워,
시음 공간 바로 옆에 마련된 레스토랑에서 맥주 2잔을 추가
로 주문해서 마셨다. 안주로 시킨 찹스테이크는 잡내도 나고
약간 실망스러웠으나, 맥주는 그야말로 천하일미였다. 뭐,

맥주 공장에서 맥주만 맛있으면 됐지!

　돌아오는 길, 약간 알딸딸한 기분으로 나고 시내를 구경하고 기분 좋게 숙소에 들어왔다. 숙소 호스트에게 기념으로 사 온 맥주와 안주도 좀 나눠주고 내가 마실 맥주도 넉넉히 쟁여놓았더니 어찌나 마음이 든든하던지.

　오리온 맥주 최고다!

이토만에서
낚시를

　하릴없이 만좌모에서 산책이나 즐기던 어느 오후, 토모치 선생님의 소개로 친분이 생긴 노하라 씨에게서 연락이 왔다. 낚시하러 갈 날짜와 장소를 정했는데 그날 스케줄이 괜찮은지 묻는 메시지였다. 술자리에서 한 약속을 새까맣게 잊고 있었기에 처음엔 웬 낚시냐며 어리둥절했으나, 곧 내가 가고 싶다고 말했던 것을 기억해내고 무릎을 '탁' 쳤다.

　이전에 동창회 때 노하라 씨가 나에게 묻기를, "고기는 확실히 잡히지만 화장실이나 편의시설이 하나도 없는 선상낚시가 좋을까요? 아니면 편의시설은 많지만 고기를 잡을 수 있을지 확신할 수 없는 방파제가 좋을까요?"라고 물었다. 이에, 나는 첫 낚시부터 너무 고난도로 가면 힘들 것 같아 후자를 선택했었다.

그렇게 노하라 씨가 고심해서 고른 장소가 바로 이토만 항구였다. 검색해보니 오키나와 남부의 이토만 시에 있는 항구로 바로 옆에는 이토만 수산시장도 있어 화장실 등의 편의시설도 괜찮았다. 우리는 31일 일요일 오전 6시, 미에바시 역 앞에서 만나기로 약속했다. 30일 토요일, 지난번에 갔던 케라마 게스트하우스에 1박을 예약하고 가볍게 짐을 챙겨 나하로 떠났다.

버스에서 내리는 순간, 만좌모에 머무른 지 며칠이나 됐다고 벌써 나하의 도회적인 풍경이 반갑게 느껴졌다. 만좌모에 머무를 때는 편의점 간편식이나 근처 이자카야에서 끼니를 때우기 일쑤였는데, 여기서는 드디어 제대로 된 밥을 먹을 수 있을 것 같았다. 기대로 부푼 가슴을 안고 오키나와 여행 커뮤니티를 뒤져 튀김 덮밥 맛집이라는 '텐동 하세가와'를 찾아갔다.

텐동 하세가와의 특상 텐동은 이름값을 하는 메뉴였다. 과장 좀 보태서 내 팔뚝만 한 생선튀김과 살이 실한 새우튀김 등이 올라가 맛이 없을 수 없었다. 세트로 나온 우동도 면발이 쫄깃하고 아주 맛있었다. 오키나와에 처음 왔을 때 이곳을 알았더라면 적어도 이삼일에 한 번은 와서 밥을 먹었을

텐데, 이래서 정보가 중요하다. 앞으로 어디 여행을 가면 맛집 리스트라도 미리 뽑아놓고 가리라 다짐했다.

다음날, 이번에는 늦지 않게 잘 일어나 약속 시간에 노하라 씨를 만났다. 노하라 씨의 차를 타고 이토만시의 한 낚시 가게로 향했다. 도착하니 가게 앞에는 누가 봐도 완벽한 낚시꾼 복장을 갖춘 노하라 씨의 후배 우에하라 씨가 기다리고 있었다. 우리는 다 함께 낚시 가게로 들어가 필요한 물건들을 샀다. 노하라 씨의 후배는 떡밥과 각종 미끼를 샀고 나와 노하라 씨는 개당 2천 엔을 내고 낚싯대 2자루를 빌렸다.

아직 아침 8시도 되지 않은 시각, 이토만 항구에는 낚시하는 사람들로 넘쳐났다. 우리가 낚시할 자리가 있을지 궁금했는데, 노하라 씨 왈 "제일 밑의 후배한테 자리를 미리 잡아두라고 했으니 괜찮습니다. 아마 새벽부터 나와서 잡아놨을 거예요." 왠지 후배분께 내가 다 죄송했다. 더 대단한 건 노하라 씨의 다음 말이었다. "아~ 내가 후배가 아니라 참 다행이야. 하하하."

설명을 들으니, 오키나와에서는 선후배의 위계질서가 엄격해서 우리가 소위 말하는 군기 같은 것이 아주 확실히 잡혀있다고 한다. 하지만 상대가 너무 싫어하는 걸 강요하는

건 아니고 그 말단 후배분도 낚시를 좋아하니 그런 부탁을
했다고.

우에하라 씨는 낚시 경력 20년의 베테랑으로, 낚시에 필요
한 모든 장비를 다 갖추고 있었다. 낚싯대만 달랑 챙겨온 나
와 노하라 씨와는 다르게 (그나마 빌림) 떡밥을 섞을 통, 의자,
각종 미끼, 심지어 바다에 떨어트린 물건을 건질 수 있는 뜰
채까지, 없는 게 없었다. 나는 이분께 낚싯줄을 던지는 방법
을 속성으로 배운 후 실전에 나섰다.

낚싯대를 드리운 지 몇 분이나 흘렀을까… 낚싯대를 뭔가
가 당기는 느낌이 나 황급히 릴을 감아올렸다. 그 끝에 매달
려있는 건 눈이 땡그란 가시 복어. 일본어로는 하리센봉(바늘

천 개)이라는 이름을
가진 물고기이다.
이전에 준이 된장국
을 끓여 먹으면 그
렇게 맛있다고 열변
을 토했던 그 물고

기이기도 하다. 하지만 노련한 낚시꾼인 우에하라 씨는 이건 손질이 어려워 먹지 못하니 바다로 돌려보내야 한다고 말했다. 아마도 이 가시 복어라는 놈은 오키나와의 베스 같은 존재가 아닌가 싶었다. 어차피 이런 작은 물고기를 먹을 생각은 없었으니, 첫 사냥감의 사진을 찍고는 다시 바다로 방생해 주었다.

낚시를 시작한 지 벌써 몇 시간이 흘렀지만 다른 분들은 한 마리의 물고기도 잡지 못했다. 하지만 난 이미 가시 복어 2마리를 낚아 올린 상황. 이나후쿠 씨는 바다에 떡밥만 뿌리

고 있고 우에하라 씨는 릴을 감
았다가 낚싯줄을 바다에 멀리 던
졌다가를 반복하고 있었다.

　노하라 씨는 이미 포기한 건지
넋 놓고 앉아계시는 듯했다. 그
때, 내 낚싯대에 또 입질이 왔다.
재빨리 릴을 감아올리자 느껴지
는 묵직한 감각. 아, 이거 심상치
않다. 그렇게 생각하고 릴을 다
감아올렸더니 그 밑에는 가시 복어와는 확연히 다른 모양의
물고기가 매달려있었다. 이 물고기의 이름은 후에다이, 우리
말로는 흰점퉁돔이라고 한다. 드디어 먹을 수 있을 만한 물
고기를 낚았다는 것이 어찌나 기쁘던지.

　제방 끝에서 낚싯대 3대를 동시에 드리우고 낚시하고 계
시던 할아버지도 내가 낚은 물고기를 구경하러 왔다. 할아
버지는 내가 한국에서 왔다는 말을 듣자, 아이스박스에서 물
고기 한 마리를 꺼내 내게 선물해주었다. 그리고는 이 한 마

리도 네가 낚은 것으로 치면 4마리 아니겠냐며 사람 좋게 웃으시더니 원래 자리로 돌아갔다.

어느덧 오후 2시가 가까워진 시각, 나는 가시 복어 3마리와 흰점퉁돔 1마리를 낚았고 다른 사람들은 한 마리도 낚지 못했다. 낚시 경력 20년의 베테랑을 이기다니, 이게 바로 초심자의 운인가 싶어 죄송하면서도 은근 기분이 좋았다. 계속 허탕만 쳐 지루해하던 노하라 씨는 이제 접고 밥이나 먹으러 가자고 근처의 이토만 수산시장으로 우리를 이끌었다. 잡은 물고기를 먹지는 못했지만, 그 대신 여기서 사 먹는 거로 퉁치자면서. 나는 좋은 생각이라며 격하게 동의했다.

그냥 앉아있기만 하면 되는 줄 알았던 낚시는 은근히 체력이 소모되었고, 바보같이 반 팔을 입고 낚시하러 갔더니 피부가 익어가는 게 느껴졌다. 우리는 점심으로 회와 초밥, 해산물 튀김 등을 푸짐하게 먹고 나서 인
사를 한 후 해산했다.

우에하라 씨는 자기는 곧 미야코지마
로 발령이 나 그쪽으로 간다며 미야코
지마에 오면 연락을 달라고 했고, 이나
후쿠 씨도 낚시를 하고 싶을 땐 언제든 불러 달라고 했다. 나
도 한국에 오시면 언제든 투어가이드를 해드리겠다며 답했
다.

처음 오키나와에 왔을 땐 아는 사람이 몇 명 없었는데, 벌
써 그 몇 배의 사람들과 교류를 하게 되었다. 이런 게 바로
고구마 줄기식 인연이구나 다시 한번 깨달았다. 그리고 낚시
를 할 때는 팔다리와 얼굴을 모두 가리는 복장이 필요하다는
사실 또한 말이다. 손목시계를 찬 부분을 제외하고는 새빨갛
게 익은 팔을 보며, 다음엔 꼭 제대로 된 복장으로 낚시를 하
러 가겠다 다짐했다.

오키나와?
류큐?

앞서 등장한 토모치 선생님은 오키나와의 독립을 주장하고 있는 분이다. 여권도 일본 것 하나, 류큐 것 하나(효력이 있는 것인지는 잘 모르겠다) 두 개를 들고 다니는 데다, 일본인이라고 불리는 것에 극도의 거부감을 가지고 계신다. 선생님과 함께 한국에 왔던 손다 청년회의 친구들 또한 일본인이라고 부르지 말아 달라고 내게 조심스럽게 말한 적이 있었다.

오키나와 사람과 이런 대화를 나눈 건 그때가 처음이었기에, 대부분의 오키나와 사람들이 토모치 선생님과 비슷한 생각을 하고 있을 거라 여겼다. 그래서 오키나와에 한 달살이를 하러 오면서 많이 고민했었다. 어쨌든 지금은 행정상 일본 영토 안에 포함되어 있으니 일본 본토에 사는 사람들과 한 카테고리에 묶어도 되는 건지, 아니면 오키나와는 오키나와로만 봐야 하는 건지. 이 고민에 종지부를 찍어준 건 만좌모의 에어비앤비 호스트 쇼고 씨였다.

그러니까 만좌모에 온 지 얼마 안 되었던 어느 날의 일이다. 숙소 근처에 있는 동네 마트에서 장을 보다 그곳에서 일하고 있는 쇼고 씨를 마주친 것이다. 휴지가 모자라 사려던 내게 쇼고 씨는 나중에 리필해 드릴 테니 비품류는 아무것도 사지 말라고 말했다.

그날 저녁, 마트에서 퇴근하고 돌아온 쇼고 씨가 휴지를 갖다줬다. 그러면서 이 에어비앤비에서의 생활이 어떠냐고 물었다. 너무 만족스럽다고 답하고 기왕 이야기가 나온 김에 숙박 기간을 더 연장하겠다고 했다. 쇼고 씨는 기뻐하며 다음에 자기가 이 만좌모 주변을 안내해 주겠다고 했다. 이곳에 오래 머무신 분들은 다들 한 번씩 안내해 줬다는 말과 함께.

그 약속은 내가 만좌모를 떠나기 며칠 전에 지켜졌다. 4월

2일, 공식적으로 여름이 시작되어 해수욕장이 개방된 날, 아직은 약간 차가운 나비 비치 해수욕장의 물에 들어가 혼자 놀고 근처 식당에서 밥까지 먹고 들어오니 딱 정오쯤 되었다. 마침 휴일이던 쇼고 씨를 마주쳐 간단한 안부 인사와 잡담을 주고받다가, 즉흥적으로 온나손 투어에 나섰다.

쇼고 씨를 따라 만좌모 부근의 죽은 산호가 가득한 해변도 거닐고 옛 오키나와 사람들이 축제를 위한 춤과 노래를 연습했다던 우두이가마라는 동굴도 봤다. 잔파 곶의 등대에도 올라가고 나니 어느덧 늦은 오후가 되어있었다.

점심을 먹지 않고 투어에 나선 우리는 배를 채우기 위해 일본식 고속도로 휴게소인 '미치노에키(道の駅, 길의 역)'에 갔다. 온나노에키라는 이름의 휴게소에는 먹거리가 많았다. 나는 오키나와식 족발 테비치와 하와이안 포케, 그리고 성게 소스를 얹은 조개구이를 샀다. 적당히 자리 잡고 앉아 맛있게 밥을 먹으며 수다를 떠는 도중, 대중교통에 관한 이야기가 나와 내가 이렇게 말했다.

"오키나와는 류큐 왕국 시절에 철도가 잘 깔려 있었다는데, 일본이 전쟁 때 그걸 파괴하고는 복구도 안 해줬다면서요? 미군 문제도 그렇고, 오키나와 사람들이 일본인과 같이 묶이는 걸 싫어하는 게 조금 이해는 가요."

물론 이것은 토모치 선생님의 가르침(?)과 손다 청년회 친구들의 이야기만 들은 후, 개인적으로 사실 확인을 거치지 않고 한 말이다. 경솔한 발언이었다는 건 인정한다. 어쨌든, 이 말을 들은 쇼고 씨는 깜짝 놀라 내게 물었다.

"그런 말은 어디서 들은 거예요?"

나는 의기양양하게 이야기의 출처와 그들에게 들은 다른

이야기도 들려주었다. 뭐, 오키나와 독립이나 미군 부대 철수를 향한 염원 등등을 말이다. 쇼고 씨는 한층 더 어이없어 하며 이렇게 말했다.

"그건 오키나와의 강경파 보수 같은 사람들이 주장하는 말이에요. 대부분의 오키나와 사람들은 자기를 일본인이라고 생각하고 있어요. 그런 사람들 때문에 오키나와 사람들에 대한 편견과 차별이 심해지는 거라고요."

쇼고 씨는 열변을 토하며 말을 이었다.

"미군 주둔 문제도 오히려 외국인이 많은 걸 이용해 영어를 공부해서, 외국인 특구 같은 곳을 만들어 더 많은 관광객을 유치할 수도 있는 거잖아요. 그렇게 해서 경제가 좋아지면 오키나와의 최저 임금*도 높아질지도 모르고요."

그의 말을 들은 나는 적잖은 충격을 받았다. 여태까지 토모치 선생님의 의견이 주류라고 생각하고 오키나와 사람들

---

* 2019년 당시 오키나와의 최저 임금은 시간당 790엔으로 전국 최저수준이었다. 하지만 오키나와만 이 수준이었던 것은 아니고 오키나와를 포함한 15개의 도도부현이 790엔의 최저 임금을 책정하고 있었다.

앞에서 일본의 일자도 꺼내지 않게 말을 조심해 왔었는데 내가 아는 것이 마이너 중의 마이너의 의견이란다. 이날 쇼고 씨와의 대화는 즐겁게 마무리했으나, 혼란스러운 마음에 이를 확인해봐야겠다고 생각했다.

나는 준과 타마모토, 노하라 씨, 유타, 미사키 등등 내가 아는 오키나와 사람 모두에게 너의 정체성은 무엇이냐고 질문해보았다. 손다 청년회 출신의 두 명은 자신의 뿌리는 류큐이지만, 오키나와의 독립까지는 바라지 않는다고 답했고, 노하라 씨는 토모치 선생님의 의견이 주류인 줄 알았다던 내 말에 껄껄 웃었으며, 유타와 미사키는 '난 당연히 일본인이지'라고 대답했다.

처음 토모치 선생님의 말을 들었을 때, 한 치의 의심도 없이 그 의견을 수용했던 건 아마 우리나라가 오키나와와 비슷한 역사를 가져서 그랬던 게 아닌가 싶다. 우리나라는 대한민국이 되었지만, 류큐는 오키나와가 되어 일본 지도의 한 부분을 장식하고 있다. 이런 결말의 차이 때문에 감정이입이 더 쉽게 되었던 것 같다.

지금도 오키나와에서는 한 달에 몇 번씩 미군 부대 철수와 오키나와의 독립을 주장하는 소규모 시위가 열리고 있다고 한다(나도 토모치 선생님에게 참여를 권유받은 적이 있다). 그것을 보고 누군가는 혀를 찰 것이고, 누군가는 공감과 지지를 보낼 것이다. 역사의 흐름을 받아들인 사람과 받아들이지 못한 사람이 공존하는 오키나와. 외부인으로서 어느 한쪽의 의견이 옳다며 함부로 편을 들 수는 없지만, 이 갈등이 언젠가 모두의 이익을 만족시키는 방향으로 풀리기를 바라 본다.

고릴라 촙에서
스노클링을

    오키나와 하면 곧바로 떠오르는 게 있다. 바로 아름다운 바다와 다양한 해양 스포츠. 나는 해수욕장이 개장하기 전인 3월 초·중순에 오키나와에 와서, 처음에는 아쉽게도 바다에 거의 들어가 보지 못했다. 물론 해수욕장 개장 전에도 서핑이나 스노클링, 다이빙 등은 즐길 수 있지만, 왠지 물이 찰 것 같아 꺼려졌다.

    하지만 지금은 4월 초순이다. 해수욕장이 개방된 지금, 물놀이를 미룰 핑계는 사라졌다. 나는 휴대폰을 꺼내 에어비엔비 앱의 액티비티 란을 뒤져, 프란체스코라는 스페인에서 온 강사가 이끄는 스노클링 체험을 예약했다.

처음에는 몽환적인 분위기가 감도는 마에다의 푸른 동굴에서 스노클링을 하기로 예약했지만, 예약한 당일 바람이 많이 분다고 하여 모토부의 고릴라 춉 Gorilla Chop 이라는 곳으로 장소가 바뀌었다. 고릴라가 손날을 내려치는 모습의 바위가 있어 고릴라 춉이라 이름 붙여진 그곳은 바다가 잔잔하고 산호가 아름다워 많은 사람이 찾는 스노클링 스팟이라고 한다.

예약 당일, 만좌모에서 차로 3~40분 정도 달려 고릴라 춉에 도착했다. 이날 함께 스노클링을 즐길 인원은 총 3명. 강

사 프란체스코 씨와 그의 친구 유키 씨, 그리고 나였다. 저 두 명은 숨 쉬듯 해양 스포츠를 즐기는 베테랑이었으나, 나는 몇 년 전 실내 수영장에서 3개월간 음-파-음-파-하며 수영을 배웠던 게 다인 생초보였기에, 혹여나 민폐를 끼치지 않을까 많이 걱정되었다.

프란체스코 씨는 봉고차 문을 열고 유키 씨와 나에게 장비를 나눠주었다. 나는 멋진 얼룩말 무늬의 스윔 수트를 받았는데 느낌이 독특해서 꽤 마음에 들었다. 물에 들어가기 전, 프란체스코 씨를 따라 스트레칭을 하며 몸을 풀고 물에 들어

갔다. 구명조끼를 입었지만, 바다에서 수영하는 것은 처음이라 긴장되었다. 아니나 다를까, 10분 정도 수영해서 나아간 곳에서 바다의 깊은 밑바닥을 보자 엄청난 압박감이 느껴졌다.

안 그래도 물안경을 쓰면 코를 막고 입으로 숨을 쉬어야 하니 신경 써서 호흡해야 한다. 하지만 숨이 턱턱 막히는 느낌에 나도 모르게 코로 숨을 쉬려고 했고, 순간적으로 몸의 균형을 잃어 물에 빠진 것처럼 버둥대고 말았다. 앞서가던 유키 씨가 그런 나를 발견하고 옆으로 와 진정 시켜 주었다. 프란체스코 씨는 나를 다시 뭍으로 이끈 후 차에 가서 긴 끈이 달린 스윔 보드 하나를 가져왔다.

참 이상하게도 뭔가 붙잡을 게 생기니 깊은 바다가 더는 두렵지 않았다. 프란체스코 씨는 보드의 줄을 잡고 날 여기저기로 이끌며 고릴라 촙의 바다를 구경 시켜 주었고, 유키 씨는 스노클링의 베테랑임에도 불구하고 옆에서 속도를 맞춰가며 날 챙겨주었다. 어찌나 든든하던지, 어느새 무서운 마음은 싹 사라지고 즐거운 마음으로 스노클링을 즐기게 되었다.

고릴라촙에는 각양각색의 산호가 즐비했다. 물고기들은 그런 산호 위를 노닐며 우리와 함께 헤엄치고 있었다. 영화 〈니모를 찾아서〉에 나오는 니모는 흰동가리라는 물고기인데, 일본인과 스페인인도 이 물고기를 니모라고 부르더라. 프란체스코 씨는 스노클링 장소마다 이 니모의 서식지를 파악해 두는 것 같았다. 고릴라촙에서는 뭍으로 돌아가는 길의 얕은 바다에 서식지가 있었다. 다른 물고기들을 봤을 땐 아름답지만 별 감흥이 없었는데, 니모를 발견했을 땐 왠지 무비스타를 만난 기분이라 정말 신났다.

스노클링을 마치고 해수욕장 개장 날 나비 비치 옆에서 발견한 맛집 하마노야에서 점심을 먹었다. 각종 정식을 1,000엔 초반대로 저렴하게 팔면서도 맛도 있는, 그런 바람직한 가게였다. 이런 곳이 있는 줄 미리 알았더라면 매일 한 번씩은 맛있는 밥을 챙겨 먹었을 텐데…. 만좌모를 떠나기 며칠 전에야 이런 가게를 알게 되어 너무나 아쉬웠다.

스노클링을 다녀온 다음 날엔 온몸이 얻어맞은 듯 근육통

이 날 괴로웠다. 평소에 운동 부족이라 그런지 참 여러 군데
가 아팠다. 파스를 덕지덕지 붙였더니 다행히 다음날 만좌모
를 떠나기 전까지는 어느 정도 나아있었다. 이제 다시 나하
에 갈 차례. 여행이 얼마 남지 않았다고 생각하니 조금 아쉬
웠다. 마지막까지 잘 부탁해, 오키나와!

4장 다시, 나하

불고기는 역시
어디서나 먹힌다

    온나손을 떠나 나하로 가는 날, 오후 1시쯤 쇼고 씨의 도움을 받아 큰 짐을 가지고 나비비치 옆 버스정류장으로 갔다. 올해 중순에 만좌장을 리모델링 할 테니 언제든 다시 찾아달라는 쇼고 씨와 악수를 나눈 후 나하로 가는 공항버스를 탔다. 전날 밤늦게까지 짐을 정리했던 피로가 남은 탓인지 버스에 타자마자 잠이 들었고 무언가 시끄러운 소리에 눈을 뜨니 어느새 나하였다.

    이번에는 미스터 긴조 우에노쿠라점이라는 호텔에 묵기로 했다. 1인실 3,500엔이라는 가격과 깔끔하고 넓은 방이 마음에 들었다. 버스정류장에서 숙소까지는 걸어서 30분도 안 되는 거리였으나 스나베의 거친 길 위에서 혹사당하다 바퀴가 망가진 여행 가방을 들고 거기까지 걷는 건 무리였기에 택시를 잡아타고 갔다.

숙소는 예약 사이트에 나와 있던 것과 마찬가지로 깨끗하고 넓었다. 조리를 할 수 있는 가스렌지와 싱크대도 있었으나, 각 조리도구의 1회 렌탈 가석이 1,000엔 성노로 저렴하지 않았기에 그냥 밥은 밖에서 사 먹기로 했다.

짐을 대충 정리하고 나니 시간은 늦은 오후가 되었다. 배가 고파져 숙소 근처의 슈퍼마켓에서 주먹밥과 컵라면을 사서 간단하게 밥을 먹었다. 뭔가 맛있는 걸 사 먹으러 갈 기력도 없었다. 그러고 보니 숙소를 옮길 때는 항상 진이 다 빠져 녹초 상태가 된다. 이동은 자동차가 알아서 해줬다 하더라도 짐 싸고 푸는 게 어디 보통 힘든 일인가? 다음에 장기 여행을 할 땐 반드시 한 곳에 숙소를 잡고 오래 머물리라 다짐했다.

내일은 토모치 선생님의 동창회에서 만난 평균 약 40세의 언니들과 불고기 파티, 아니, 각자 음식을 만들어 가져오는 포틀럭 파티 비슷한 걸 하는 날이다.

그래, 불고기… 난 왜 불고기를 만들겠다는 약속을 한 것일까. 동창회 날 불고기를 만들겠다고 약속하고 그 다음 날, 간편한 불고기 양념 레시피를 미친 듯이 찾아봤다. 하지만 야속하게도 내가 찾은 모든 인터넷 레시피는 배와 양파를 믹서기로 곱게 갈아 다진 마늘과 간장 등의 각종 한식 조미료와 섞어야 한다고 말하고 있었다. 아무것도 없는 여행지에서 그렇게까지 할 수는 없으니 어떻게든 완제 불고기 소스를 사야만 했다.

그러나 함부로 약속을 남발했던 경솔함에 대한 벌인지 돈키호테, 이온몰 차탄, 이온몰 라이카무, 맥스 밸류를 비롯한 크고 작은 슈퍼마켓 어느 곳에서도 불고기 소스를 찾을 수 없었다. 시간은 흘러가고 메뉴를 바꿔야 하나 모임을 지금이라도 취소해야 하나 시름시름 앓던 중, 낚시 가기 전날 혹시나 해서 들른 이온몰 나하점에서 드디어 불고기 소스를 찾았다.

이렇게 어렵사리 구한 불고기 양념 두 개를 들고 오늘 모임의 장소를 제공해 준 카나에 씨의 집을 찾아 도미구스쿠

ブルコギヤン焼肉たれ甘口　　サンダイナーブルコギヤン中辛

시로 향했다. 집 앞에 도착하니 카나에 씨, 치아키 씨, 미야
코 씨, 쿠다카 씨가 나를 맞아 주었다. 음식 재료는 카나에
씨 집 근처의 맥스 밸류에서 준비했는데, 어른 5명에 아이 7
명이 먹을 음식을 준비하려다 보니 상당히 많은 양의 고기와
채소를 사게 되었다. 사실 아이들이 올 거라 예상을 못 했기
에 당황했지만, 생각해보니 토요일에 아이들만 집에 덩그러
니 남겨두고 올 순 없을 테니 당연한 일이었다. 왜 그 생각을
못 했을까! 준비한 양념에 비해 고기양이 너무 많은 게 걱정
이었지만, 뭐 어떻게든 되겠지.

카나에 씨의 집에 들어가자 일곱 명의 아이들이 우리를 반겼다. 동창회 때 만난 아이들도 있었고 처음 보는 아이들도 있었다. 아이들과 이렇게 교류할 줄 알았으면 한국에서 자그마한 선물이라도 챙겨올 걸 그랬다. 다음에는 캐릭터 양말이라도 챙겨와야겠다고 다짐하며 요리를 준비했다.

오늘 선보일 한국 요리는 불고기와 해물파전. 먼저 준비해 온 양념에 고기를 재웠다. 예상했던 대로 양념이 부족해서 되는대로 간장과 설탕을 추가해서 간을 맞췄다. 그런 다음 불고기에 들어갈 채소와 파전 재료를 손질하니 딱 30분 정도가 지나있었다. 얇은 고기를 재워놨으니 이 정도면 양념이 잘 스며들었을 테다. 나는 큰 궁중팬에 고기와 채소를 모두 집어넣고 중간 불로 불고기를 익히기 시작했다.

이제는 전을 만들 차례. 전은 부침가루와 식용유만 있으면 절대 실패할 수 없는 음식이다. 하지만 이곳에서 부침가루를 찾을 수 없었기에 인터넷에서 본대로 채 친 밀가루와 소금, 후추, 달걀노른자를 넣어서 전 베이스를 만들었다. 거기에 마트에서 산 해물 믹스를 넣고 잘 섞어서 달궈진 프라이팬에

전을 부쳤다.

그런데 해물이 너무 한쪽으로 치우쳤는지 뒤집는 과정에서 전이 주욱 찢어지며 두 겹으로 겹쳐지고 말았다. 당황해서 '앗!'하고 큰 소리를 내니 거실에 있던 카나에 씨가 왜 그러냐며 이쪽으로 오려고 했다. 요리를 해드리겠다고 당당하게 말해놓고 미숙한 모습을 들킬 수는 없었기에 아무것도 아니라고 얼른 대답한 후, 재빠르게 상황을 수습했다. 결국 파전들은 찢어서 내놓을 수밖에 없었다.

파전을 내놓고 불고기가 다 익은 걸 확인한 후 궁중팬을 통째로 들어 거실의 좌식 식탁에 올려놨다. 저녁 시간이 되어 배가 고플 아이들의 접시에 불고기를 먼저 떠주고 언니들의 접시에도 고기를 덜어 드렸다. 모두의 접시가 가득 차자 다들 "잘 먹겠습니다"라고 말하고 젓가락을 들었다. 입맛에 맞으면 좋겠는데… 아까 설탕과 간장을 좀 많이 넣어버렸는데 사람들 입맛에 너무 달거나 짜지는 않을까…? 막상 음식을 내놓고 나자 약간 떨렸다.

　긴장된 마음에 젓가락을 꼭 쥐고 평가를 기다리는데 들려오는 한 마디. "맛있어요!" 초등학생 3학년쯤으로 보이는 미야코 씨의 아이가 웃으며 말해 주었다. 그 뒤로 너, 나 할 것 없이 맛있다고 한마디씩 해주어 나도 안심하고 식사를 시작했다. 파전도 모양은 엉망이었지만 호평을 받아 언니들에게 인터넷에서 본 부침가루 레시피도 알려주었다.

　불고기가 동이 나자 카나에 씨는 미리 준비해 놓은 오키나와 소바의 육수를 데우고 삶아놓은 면을 인원수만큼 그릇에 소분하여 나눠 주었다. 치아키 씨는 집에서 만들어 온 지마

미 두부(쫀득하고 푸딩 같은 식감이 일품인 땅콩 두부)를, 쿠다카 씨는 오키나와 흑설탕으로 만든 젤리를, 미야코 씨는 치즈 케이크를 꺼내 맛있는 디저트 타임을 즐겼다.

디저트를 즐기던 중, 한 아이가 나에게 트와이스 중 누구를 제일 좋아하냐고 물었다. 나는 쯔위가 제일 예쁜 것 같다고 내답했지만, 아이들은 그 대답이 마음에 들지 않는 듯 사나와 무무가 제일 귀엽지 않냐며 나를 설득하려 했다.

그런데, 어른도 아니고 오키나와의 초등학생이 트와이스를 알다니, 내가 모르는 사이에 한류가 좀 더 유명해졌나 보

다. 이렇게 신기할 수가. 내가 아는 요즘 일본 아이돌이 없어서 아무로 나미에*를 좋아한다고 말했더니 아이들이 자기들도 좋아한다며 그녀가 은퇴 공연을 오키나와에서 했다는 걸 신나게 자랑했다. 아니 그런데 아무리 아무로 나미에가 오키나와 출신이라지만, 너희가 태어나기 십몇 년 전에 한창 활동하던 가수인데 어떻게 아는 거야? 더더욱 신기한 기분이었다.

언니들에게는 그간의 오키나와 여행 이야기를 들려줬는데, 오키나와의 투명한 바다와 별 모양 모래(죽은 산호가 잘게 부서져 마치 별 모양처럼 보이는 모래), 바닷가에 늘어져 있는 죽은 산호를 신기하게 여기는 나를 도리어 굉장히 신기해하셨다. 바다가 맑고 투명하지 않은 건 생각해 본 적도 없고 모래가 별 모양인 것도, 산호가 바닷가에 널려있는 것도 특별히 여겨본 적 없다면서 말이다. 정말 부러운 분들이다.

---

* 아무로 나미에 - 1992년 일본에서 데뷔해 2018년 은퇴한 오키나와 출신 가수. 90년대 폭발적인 인기를 끌었으며, 그녀가 하는 모든 행동과 패션이 유행해 '아무로 현상'이라는 말까지 만들어질 정도였다.

내가 만약 오키나와에 살았으면 매주 바다에 놀러 가느라 살이 다 새까맣게 탔을 텐데…. 언니들도 외지인의 눈에 비친 오키나와 이야기가 나름 재미있었는지, 조만간 아이들을 데리고 오랜만에 츄라우미 수족관이나 한번 가야겠다고 말해 주어 조금 뿌듯했다.

디저트를 다 먹고 두런두런 이야기를 나누다 보니 어느새 밤 10시가 다 되었다. 카나에 씨의 남편 준 씨의 귀가를 시작으로 언니들의 남편이 하나, 둘 가족을 데리러 왔다. 아이들은 언젠가 한국에 오겠다며 그때 꼭 다시 만나자고 손을 흔들어 주었고, 언니들과는 다음에 오키나와에서 또 만나자는 약속을 하고 헤어졌다.

가는 방향이 같았던 미야코 씨의 차를 얻어타며 숙소에 돌아가는 중, 미야코 씨와 아이가 불고기가 맛있었다며 아빠에게 말하는 것을 보고 불고기 양념을 찾으며 했던 고생에 대한 보답을 받는 느낌이었다. 역시 불고기는 어디서나 먹히는구나!

바다 하나는
원 없이 구경할 수 있는 곳

다시 온 나하에서 맞이하는 삼 일째 아침. 침대에서 일어나 기지개를 켰다. 커튼을 열어 쏟아지는 햇살에 광합성을 했다. 약간은 선선한 아침 바람과 맑은 하늘. 놀러 가기 딱 좋은 날씨다. 오늘은 스나베에 머물 때 친해진 사이드라인 바의 직원 타쿠와 오키나와 투어를 하는 날이다.

안내해 주겠다는 게 그냥 지나가는 말인 줄 알았더니 진짜로 놀러 가자고 말하기에 깜짝 놀랐다. 오사카 출신이지만 오키나와에서 오래 살아서 현지인화가 된 건지, 빈말을 안 하는 모습에 감동받았다.

오전 일찍 숙소를 나서 버스를 타고 아메리칸 빌리지로 향했다. 타쿠는 스타벅스 근처 주차장에 차를 대고 기다리고 있었고, 나는 그의 차에 올라타 커피 한 잔을 건넸다.

첫 번째 목적지는 게스트하우스에서 만난 여행자의 인스타그램 사진을 보고 한눈에 반한 아름다운 절벽 카후반타. 카후반타는 아메리칸 빌리지에서 자동차로 약 한 시간 반 거리인 미야기 섬에 있다. 운전을 못 하는 나로서는 가기 어려워 포기하고 있던 곳이었는데 이번에 타쿠 덕분에 운 좋게 가게 되었다. 다음에 오키나와를 여행할 땐 꼭 운전 연습을 해서 스스로 가야겠다고 다짐했다.

타쿠는 차를 타고 가는 길에 낮에는 온나손의 카페에서, 저녁에는 스나베의 바에서 일하며 시간이 날 때마다 친구들과 서핑을 즐기는 자신의 오키나와 라이프를 들려주었다. 파도가 좋은 날이면 아침 6시부터 바다에 나가서 파도를 타고, 바의 일이 끝나는 새벽엔 마음이 맞는 동료나 외국인 친구들과 코가 비뚤어지도록 술을 마시며 즐겁게 노는 삶.

그야말로 요즘 유행히는 욜로*족의 정서과 같은 삶이었다. 타쿠는 오사카에서 살 때 인생이 그다지 재미없었는데 오키나와는 하루하루가 즐겁다고 했다. 그 말을 듣고 나도 웃으며 맞장구를 쳤다. 바다를 좋아하는 사람이라면 누구나 이 오키나와에서 생계와 일탈의 경계선을 넘나들며 즐겁게 생활할 수 있겠다고 생각했다. 예전에 같은 이유로 제주도로 이사 가고 싶다는 생각을 한 적이 있었는데, 오키나와로 이주한 일본 본토 청년들도 어쩌면 그런 생각을 가진 사람이

---

* 욜로 - You Only Live Once의 각 단어 앞 글자를 따서 만든 줄임말. 인생은 한 번밖에 살 수 없으니 하고 싶은 모든 것을 하고 살라는 뜻이며, 욜로족은 그런 인생을 즐기는 사람들을 말한다.

많을지도 모르겠다.

두런두런 이야기를 나누다 보니 어느샌가 목적지인 카후반타(果報バンタ)에 도착해 있었다. 일본어로 카후는 행복이고 반타는 오키나와 말로 절벽이니 합쳐서 '행복의 절벽'이라는 뜻이다. Happy Cliff라고 적힌 팻말을 따라 오솔길을 걸어가자 카후반타를 내려다볼 수 있는 뷰 포인트가 나왔다.

절벽 아래로는 발자국 하나 없는 자그마한 모래사장과 그 앞으로 펼쳐진 바다가 눈에 들어왔다. 투명한 에메랄드빛 바다는 여과 없이 내리쬐는 햇살을 받아 쨍한 빛을 띠고 있었고 멀리 보이는 깊은 바다는 맑은 감청 빛으로 넘실거리고 있었다. 당장이라도 바다에 뛰어들어 수영하고 싶을 정도로 시원한 광경이었다.

모래사장으로 내려가 발이라도 담그고 싶었지만 뚫려있는 길이 없어 가지 못했다. 나중에 알게 되었지만, 그곳은 누치노 하마라는 해변으로 바다거북이 알을 낳으러 오는 장소라고 한다. 사람이 많이 드나들면 알을 낳으러 올 거북이들이 불편할 테니 길이 없는 것도 이해가 되었다.

바다에 들어가 보지 못한 것을 자꾸 아쉬워하자 타쿠가 좋은 곳을 안다며 나를 차에 태우고 다른 곳으로 향했다. 어디로 가냐고 묻자, 자기는 카후반타가 있는 이 미야기 섬보다 그 옆에 있는 하마히가 섬을 더 좋아한다며 그곳으로 가고 있다고 했다. 그렇게 하마히가 섬으로 가는 길에 한 무리의 마라톤 행렬을 목격했다.

교통경찰로 보이는 사람들이 도로를 통제하고 있었고 사람들은 천천히 그리고 꾸준히 길을 달리고 있었다. 햇살이 강해 꽤 더운 날씨였지만, 바다를 옆에 끼고 달리는 그 모습은 옆에서 같이 달리고 싶을 정도로 시원하고 기분 좋아 보였다. 왜일까? 평소 운동을 즐기는 타입도 아닌데 자꾸 몸을 움직이고 싶어진다.

타쿠의 안내를 받아 도착한 하마히가 해변엔 많은 사람이 물놀이를 즐기고 있었다. 일요일이라 가족끼리 놀러 온 사람이 많은 것 같았다. 물이 깊지 않아 아이들이 놀기 딱 좋아 보였다. 우리는 신발을 벗고 모래사장을 걸어가 바닷물에 발을 담갔다. 햇살이 강해 더웠는데 시원한 바닷물이 발목을

감싸자 더위가 한결 가셨다.

바닷물이 빠져 드러난 돌길을 따라 산책도 하고 햇살도 만끽하고 발로 바닷물을 휘적이며 물놀이 같지 않은 물놀이를 하다 보니 배가 살살 고파졌다. 그러고 보니 관광하느라 점심도 거르고 있었다. 바다는 이만 보고 밥을 먹으러 가야겠다. 그래도 푸른 바다를 실컷 보고 나니 아쉽진 않았다. 다음에 가족이 생기면 이곳에 꼭 다시 와야겠다.

뭘 먹고 싶냐는 타쿠의 물음에 나는 고기를 외쳤다. 오키나와에는 저렴한 가격에 스테이크를 즐길 수 있는 가게가 많다. 그중 한국인 관광객에게 가장 많이 알려진 곳은 얏빠리 스테이크와 88스테이크라는 체인점이다. 두 체인점 다 몇 번 가봤는데 내 입맛에는 맛있었다. 이 두 곳 중 아무 데나 가까운 곳으로 가자고 했는데, 타쿠가 코웃음을 치며 말했다. "거기는 관광객들이나 가는 곳이거든? 내가 아는 곳이 훨씬 맛있어. 동네 사람들만 가는 맛있는 가게야."

오! 로컬 맛집! 현지에 사는 사람이 추천하는 가게면 맛없을 수가 없지. 기대를 잔뜩 안고 당장 그곳으로 가자고 했다.

이윽고 도착한 곳은 *ステーキハウス*(스테이크하우스)라는 글자가 큼지막하게 적힌 노란 외벽이 눈에 띄는 스테이크 가게였다. 점심시간이 지났음에도 손님으로 붐비고 있었다. 빅하트 스테이크 미사토점, 왠지 진짜 맛집일 것 같은 느낌이다.

타쿠는 가게 안으로 들어가 대기를 걸고 나왔고 우리는 약 15분 정도를 기다린 후 가게에 들어갈 수 있었다. 동네 사람들만 가는 맛집이라는 말이 사실인지, 가게 안에 외국인은 보이지 않았고 일본어로 대화하는 소리만이 들려왔다.

우리는 스테이크 150g과 밥, 감자튀김 등이 포함된 세트를 시켰고 곧 버터와 레몬이 예쁘게 얹어진 스테이크를 만날 수 있었다. 가격대가 그리 높지 않은 스테이크였기에 다른 가게와 그렇게 큰 차이는 없을 거라 예상했다. 너무 기대했다가 실망하는 일이 없도록 마음속으로 기대치를 낮춘 후 고기를 잘라 한 입 먹었다. 그런데, 그런데… 고기가 엄청 부드러웠다! 얏빠리 스테이크와 88 스테이크에서 먹었던 고기는 맛은 있었지만 조금 질겼는데, 빅하트에서 먹은 스테이크는 촉촉하고 부드러웠다. 과연 자신 있게 추천할 만하다.

나는 맞은편에서 식사하는 타쿠에게 데려와 줘서 고맙다고 인사를 하고 식사에 집중했다. 고기 한 점, 튀김 하나, 밥한 톨 남기지 않고 싹싹 긁어먹은 나를 본 타쿠는 여자인데도 자기처럼 많이 먹는다면서 감탄을 아끼지 않았다. 녀석, 주변에 소식하는 사람들밖에 없나 보구나. 고기 150g이 뭐가 많아? 250g도 다 먹을 수 있겠던데.

다시 아메리칸 빌리지로 돌아온 시각은 오후 5시. 사이드라인 바에 출근해야 하는 타쿠는 아침에 만났던 스타벅스 앞에 나를 내려줬다. 우리는 다음에 또 보자고 오늘 즐거웠다고 인사를 한 후 헤어졌다. 여행하며 좋은 친구를 사귄 것 같아 기분이 좋았다. 오키나와에 와서 인복이 넘치는구나.

떠날 날도 얼마 남지 않았으니 쇼핑이나 하려고 아메리칸 빌리지를 둘러보았다. 재미있는 티셔츠를 파는 가게에서 '술밖에 믿지 않아(酒しか信じない)'라는 문구가 적힌 옷도 사고, 드럭 스토어에서 쇼핑도 하며 시간을 보내니 해가 금세 저물었다. 역시 대관람차는 어두울 때 타야 아름다운 야경도 볼수 있고 좋은 법. 얼른 판매기로 가 티켓을 끊고 대관람차를

탔다. 관람차 안에서는 오렌지색으로 빛나는 저녁의 아메리칸 빌리지가 한눈에 보였다. 저 멀리 바다도 보였다.

정말 이 오키나와는 바다 하나는 어디서든 원 없이 볼 수 있는 곳이다. 내가 자주 앉아 시간을 보내던 선셋 비치도 저기 어디쯤 있겠지. 천천히 움직이는 관람차 안에서 야경을 보고 있자니, 지난 한 달간의 일들이 머리를 스쳐 지나갔다.

처음엔 고생스러워서 이 여행이 정말 싫었는데 그새 정이 들어 집에 가는 게 아쉽다. 사람 마음이 이렇게 쉽게 변하는 건가 보다. 아쉬운 마음으로 숙소에 돌아가는 길, 얼마 남지 않은 여행이 아쉬워 피곤했지만 버스에서도 잠이 오지 않았다.

재즈의 도시
오키나와

한국에 돌아가기 전 그동안 신세를 졌던 타마모토와 준에게 밥을 사기 위해 저녁 약속을 잡았다. 우리는 사키마 미술관 근처의 돼지고기 샤부샤부집에 모여 저녁을 먹고 잡담을 나눴다. 무제한으로 샤부샤부 재료를 리필할 수 있는 90분의 시간이 지난 후, 계산을 두고 티격태격 다툼이 벌어졌다. 서로 자기가 내겠다며 입씨름을 이어가다가 내가 잽싸게 카드를 들고 계산대로 가려는데, 준이 "쟤 카드 내잖아!"라고 외치며 날 막으려 했다.

결국 내가 계산했지만 타마모토와 준이 현금을 주머니에 욱여넣는 바람에 더치페이를 한 셈이 되어버렸다. 전날 타쿠가 말해 줬는데, 일본에서는 신용카드를 쓰면 당장 쓸 현금이 전혀 없는 사람이라는 이미지가 있다고 한다. 직불카드도 그런 이미지냐고 물으니, 일본은 직불카드를 사용하는 사람도 그리 많지 않아 똑같다고. 카드를 꺼내자 더 당황하는 두 사람의 얼굴을 보고 나니 어쩌면 그 말이 진짜일 수도 있겠다 싶었다. 난 그냥 귀국일이 얼마 남지 않아서 추가 환전을 안 한 건데!

어쨌든, 내가 대접하겠다는 계획이 수포가 되었기에 두 사람을 이대로 돌려보낼 수 없었다. 저녁이 그리 깊지 않으니 가볍게 술이나 한잔하자고 제안했다. 타마모토는 마침 가고 싶었던 가게가 있다며 준과 나를 차에 태워 나하로 갔다. 도착한 곳은 귀여운 펭귄이 간판에 그려진 '펭귄이 있는 다이닝 바 페어리'. 가게에 들어가니 커다란 북극곰 모형이 우릴 반겼다.

한쪽 벽면엔 거대한 수조와 펭귄 집이 설치되어 있었고 그 안에는 진짜 펭귄 몇 마리가 있었다. 동물원도 아니고 평범한 식당에서 펭귄을 키운다니 놀랍고 신기했다. 타마모토는 다음날 출근해야 한다며 펭귄만 구경하고 얼른 나가버렸고 가게 안엔 나와 준만 남겨지게 되었다.

맥주를 마시며 대화를 하는 도중, 준이 내게 재즈를 좋아하냐 물었다. 오키나와는 50년대 미군을 상대로 공연하던 재즈 연주자가 많았는데, 그때부터 재즈 음악을 하던 걸출한 연주자들이 운영하는 라이브 바가 여럿 있다고 한다. 그중 연주가 정말 훌륭한 곳이 있어 꼭 소개하고 싶다기에 당장 그곳으로 가자고 말했다. 음악을 좋아해서 취미로 밴드 생활까지 하는 그가 추천하는 가게라면 필시 멋진 곳이리라.

우리는 페어리 바를 나와 국제거리 끄트머리쯤에 있는 재즈 바 캠즈 KAM'S 에 도착했다. 가게 문을 열자 멋진 재즈 선율과 함께 허스키한 음색을 가진 여성의 노랫소리가 들려왔다. 아담한 가게 안엔 바 좌석과 서너 개의 작은 테이블이 있고, 큰 창이 나 있는 쪽으로 동그랗게 재즈 무대가 마련되어 있었다.

가게 사장님으로 보이는 여자분이 준에게 가볍게 인사를 했고, 우리는 바 좌석에 앉아 칵테일을 하나씩 시켰다. 머리가 희끗희끗한 노년의 연주자들은 피아노와 기타, 드럼을 능숙하게 연주하고 있었고 보컬은 콘트라베이스를 연주하며 노래를 불렀다. 흐릿한 조명, 빈티지한 인테리어, 몽환적인 노랫소리는 사람을 몰입하게 하는 힘이 있는 듯했다.

우리는 각자의 방식으로 리듬을 타며 노래를 감상했다. 곡이 끝나고 박수를 치자 보컬분은 땡큐라고 호응을 해주고 곧바로 다음 노래를 이어갔다. 가게 안엔 한 중년 커플과 내 또래의 여자아이, 준과 나, 이렇게 다섯 명의 관객뿐이었는데 이런 훌륭한 연주를 공연비 단돈 1,000엔에 즐겨도 되는 건

지 죄송한 마음마저 들었다.

준이 설명하길 이 가게의 오너 카무라 씨는 50년대부터 오키나와 미군 부대 일대에서 재즈공연을 해온 베테랑 연주자로, 아내와 함께 80년대부터 이 캠즈 바를 운영해왔다고 한다. 라이브의 구성원은 매일 바뀌는데 카무라 씨는 일주일에 5일은 반드시 라이브에 참여한다고 한다. 공연이 큰돈이 되진 않지만, 라이브에 참여하는 연주자 모두 즐기는 마음으로 공연에 임한다고. 정말 대단한 열정이 아닐 수 없다. 나이 들어도 저렇게 좋아하는 일을 하며 살 수 있다니 멋지고 부러운 삶이다.

공연은 자정이 지나 끝났다. 공연이 끝나도 재즈의 여운은 가시지 않았다. 몹시 아쉬워하는 내게 준은 또 다른 라이브 재즈 바를 소개해 주었다. 바로 피노스 플레이스 PINO'S PLACE 재즈 라이브 하우스이다. 전후에 필리핀에서 건너온 피노라는, 준의 말로는 오키나와 재즈계의 전설적인 연주자가 세운 가게라고. 지금 피노 씨는 이 세상에 안 계시지만 그의 아내와 딸이 가게를 운영하고 있다고 한다. 그의 딸이 준

의 대학 후배인데, 플루트 연주가 정말 훌륭하다며 칭찬을 아끼지 않았고, 플루트 연주자가 있는 재즈공연은 아마 이곳에서만 볼 수 있을 거라고 단언했다.

가게는 캠즈 바보다 훨씬 넓었다. 어두운 톤의 커튼과 가구가 차분한 느낌을 주었고, 가게 앞편의 큰 무대에는 그랜드 피아노가 존재감을 뽐내고 있었다. 자리를 잡자 젊은 여성이 따뜻한 물수건과 메뉴판을 가져다주었다. 피노스 플레이스의 미인 플루트 연주자, 엠마 씨였다. 가게처럼 고요한 분위기를 가진 그녀는 준과 잠시 안부를 나누고는 연주를 위해 자리로 돌아갔다.

이윽고 피아노와 콘트라베이스가 연주를 시작하였고 그와 동시에 경쾌한 플루트 선율이 흘러나왔다. 캠즈의 연주가 가을을 연상시켰다면 피노스 플레이스의 연주는 봄을 떠올리게 했다. 플루트 선율과 재즈의 조화가 어떨지 궁금했는데, 상상외로 너무 잘 어울렸다.

셋의 연주가 한동안 이어지고, 곧 가게 주인 나카무라 씨가 무대에 올랐다. 그녀가 등장하자 무대의 분위기는 약간 바뀌어 잔잔한 음악이 흘러나왔다. 나카무라 씨는 음악에 맞춰 낮은 목소리로 노래를 부르기 시작했다. 옆 테이블에 있던 한 무리의 직장인들은 그녀의 노래를 듣자마자 환호성을 내질렀다. 아마 단골손님인 것 같았다. 그녀의 노래 역시 흠잡을 데 없이 훌륭했다. 30년 이상 재즈 라이브 바를 운영해온 내공이 느껴졌다고나 할까.

오키나와에 와서 좀처럼 문화생활을 즐기지 못했는데, 예상도 못 했던 훌륭한 공연을 두 개나 감상하게 되었다. 좋은 음악과 칵테일이 있는 감성적인 시간. 내가 대접하려고 마련한 자리였는데 이래서는 내가 대접받은 꼴이나 다름없어 조금 민망하기까지 했다.

가게를 나온 후, 멋진 시간을 선사해준 준에게 거듭 감사인사를 했다. 별거 아니라며 손사래를 치는 그에게 다음엔 내가 한국을 풀코스로 안내해 주겠다는 과장 섞인 약속을 하고 헤어졌다. 이번 여행은 처음부터 끝까지 오키나와 사람들 덕분에 풍성한 경험을 할 수 있었다. 역시 인연은 소중히 여기고 봐야 한다.

안녕,
오키나와

한국으로 돌아가기 삼 일 전, 갑자기 번역 일이 들어왔다. 얼마 남지 않은 소중한 시간이 아까운 마음도 들었지만, 그동안 오키나와에서 보고 싶은 건 다 봤다는 생각에 별다른 외출을 하지 않고 일을 했다. 집중해서 일한 덕분에 평소라면 이틀 꼬박 걸렸을 분량을 하루 반나절 만에 다 끝낼 수 있었다. 집에 가는 비행기는 내일 오전 11시. 오키나와에서 보낼 시간이 24시간도 남지 않았다. 마음이 급해져서 재빨리 옷을 입고 국제거리로 향했다.

제일 먼저 간 곳은 국제거리의 랜드마크와도 같은 돈키호테. 그동안 숙소를 여러 곳 옮겨 다녔기에, 편한 이동을 위해 쇼핑을 최대한 자제했다. 하지만, 이 고생도 내일이면 끝이란 말씀. 지금이야말로 억눌렀던 쇼핑 본능을 개방할 때다.

돈키호테 1층 드럭스토어(화장품과 의약품을 기본으로 온갖 종류의 다양한 물품을 저렴한 가격으로 판다. 일본 여행에서 꼭 들러야 하는 쇼핑 코스)에서 일본에 갈 때마다 사서 쟁여두었던 아이템들을 바구니에 넣기 시작했다. 체했을 때 간편하게 먹기 좋은 오타이산, 목이 칼칼할 때 먹으면 좋은 용각산 캔디, 우리 엄마가 좋아하는 동전 파스 등등. 5,400엔 이상 구매하면 텍스 리펀도 받을 수 있기에 필요한 물건은 몰아서 돈키호테에서 다 구매했다. 지하의 식품매장에서 각종 조미료와 과자도 야무지게 담은 뒤 텍스 리펀까지 받고 밖으로 나왔다.

이치란 라면에 들러 돈코츠 라면 한 그릇을 먹은 뒤 커피 한 잔을 들고 국제거리를 천천히 걸었다. 즐비하게 늘어선 기념품 샵 말고는 딱히 볼 게 없는 거리였지만, 그래도 나하에서 가장 많은 시간을 보낸 곳이었기에 나름 정이 들었다. 오키나와 음식에 물렸을 때 국제거리의 한 마트에서 구세주처럼 발견해서 사 먹었던 가쓰오부시 풍미 김치는 오랫동안 잊을 수 없을 것이다.

몇 시간의 산책 후 숙소로 돌아와, 오키나와의 거친 도로에서 혹사당해 바퀴가 망가진 캐리어에 마지막 임무를 부여했다. 거의 모든 여행자가 가장 귀찮아하는 작업인 짐 싸기. 이것도 내일이면 끝이다. 나는 심호흡을 크게 한 다음 숙소 여기저기에 늘어져 있는 옷가지와 쇼핑한 물건을 바닥에 늘어놓고 짐을 쌌다. 새로 사 온 물건들을 욱여넣으려면 가방을 다 뒤집어야 했지만, 그동안 요령이 생겨 그리 시간이 걸리진 않았다.

여행의 마지막 날을 뜻깊게 보내는 방법엔 어떤 게 있을까? 사람마다 답은 다르겠지만, 내 경우는 술이라고 단언할 수 있다. 마지막 날 얼큰하게 술을 마시고 집에 가는 비행기 안에서 푹 잔 다음, 한국에 도착하자마자 칼칼한 국물 요리로 해장을 하는 거다. 이 얼마나 완벽한 마무리인가!

즐거운 저녁을 위해 두어 시간의 낮잠으로 체력을 비축하고 숙소를 나섰다. 어딜 갈까 고민하다, 처음 오키나와에 왔을 때 친절하게 대해주었던 술집 마이스쿠야의 점장님이 생각나 국제거리로 발걸음을 옮겼다. 하지만 우린 다시 만날 운명이 아니었던 건지, 정기 휴업 팻말이 붙은 차가운 셔터만이 나를 반기고 있었다. 할 수 없이 근처의 다른 가게에서 저녁을 대충 때우고 술집 가득한 거리를 둘러보았다.

마지막 술을 마실 가게를 열심히 물색하던 도중, 음악이 크게 흘러나오고 있는 가게가 눈에 들어왔다. 문이 활짝 열려있어 지나가며 안을 들여다봤는데, 마침 바깥을 바라보던 디제이와 눈이 딱 마주쳐 버렸다. 그 순간 디제이가 "컴온 인~!"이라며 넉살 좋게 들어오라고 권유하길래 바로 들어갔다.

가는 날이 장날이라고 레이디스 데이 이벤트를 하는 중이라 70분 동안 술을 무제한으로 마실 수도 있단다.

'베로나'라는 조용한 이탈리안 레스토랑을 연상시키는 이름과는 달리, 가게 안에는 헤비한 랩 음악이 계속 울려 퍼지고 있었다. 바 좌석에는 한 남성 손님이 앉아 디제이와 이야기를 나누고 있었다.

조금 떨어진 바 좌석에 자리를 잡고 셀프드링크 바에서 내가 마실 음료를 제조했다. 다양한 종류의 술로 원하는 스타일의 음료를 만들 수 있어 좋았다. 술을 만들어 자리로 돌아오는데, 디제이가 이쪽으로 와서 같이 놀자고 했다. 나도 혼자 마시는 것보단 말동무가 있는 게 좋으니 제안대로 자리를 옮겼다.

디제이의 이름은 모리스로 몇 년째 오키나와에서 바텐더로 일하고 있다고 했다. 내가 한국인이라는 말을 듣더니, 자기도 한국을 좋아한다며 대뜸 트와이스의 TT를 틀고는 춤을 추기 시작했다. 건장하고 키 큰 흑인 청년이 손가락을 T자로 만들어 가슴 앞에 모으고 수줍게 흔드는 모습은 정말 웃겼

다. 춤을 다 추고 나자 블랙핑크의 최신곡이던 Kill This Love를 시작으로 계속 트와이스 & 블랙핑크 노래를 틀어댔다. 딱히 그들의 팬은 아니었지만, 타국에서 한국노래를 들으니 뿌듯하면서도 기분이 좋았다. 해외에 나가면 다들 애국자가 된다는 말이 거짓은 아닌가 보다.

갑자기 확 바뀐 분위기가 견디기 힘들었던 것인지, 모리스와 이야기 하던 일본인 청년이 내게 "제발 다시 힙합 좀 틀어달라고 해줘!"라고 간청했다. 내가 틀어달라고 한 거 아닌데? 어쨌든 어려운 부탁은 아니니 모리스에게 말을 전해 주었다. 노래가 바뀌고 일본인 청년이 고맙다며 대화의 물꼬를 텄다. 알고 보니 그는 진성 힙합 마니아로 이곳에는 음악을 들으러 자주 온다고 했다. 음, 그쪽 취향이면 케이팝을 듣고 괴로워하는 게 이해가 간다.

힙합 청년과 뒤늦게 합류한 청년의 후배와 시답잖은 이야기를 주고받으며 술을 한창 마시다 보니 어느새 가게엔 손님이 가득 차 있었다. 나도 분위기에 취해 정신없이 술을 마시는 중, 어떤 여자 한 명이 다가와서는 혹시 한국인이냐며 합

석을 해왔다. 그녀, 모모코는 그리 멀지 않은 좌석에서 술을 마시다가 대화를 듣고 내가 한국인이라는 걸 알았다고 했다.

모모코는 대뜸 내 호구조사를 시작하더니 자기가 곧 한국에 여행을 갈 예정인데, 괜찮으면 그때 만나서 같이 놀자며 친근하게 말을 붙였다. 그 붙임성이 나쁘지 않아 라인 아이디도 주고받고 술잔도 같이 나눴다.

혼자 왔는데 일행이 점점 불어나 자리는 떠들썩해졌다. 그들은 나의 오키나와 여행 마지막 날, 선물처럼 다가와 외로움 대신 즐거운 추억을 선물해 주었다. 70분 무제한 드링크를 세 번이나 연장하며 말 그대로 코가 비뚤어지게 마시고 나니 자정이 가까운 시각이었다. 우리는 아쉬움을 뒤로하고 다음에 만나자는 약속과 함께 헤어졌다. 오키나와에 돌아와야 하는 이유가 또 하나 생긴 것이다.

떠나는 날 아침의 컨디션은 최악이었다. 전날 마신 술이 저렴한 술이라 그런지 숙취가 평소의 배는 심했다. 좀비처럼 초췌한 몰골로 공항에 도착해 면세 쇼핑도 하지 않고 벤치에 드러누웠다. 원래 이럴 땐 창밖의 비행기를 바라보며 추억에도 젖고 감상적인 시간을 보내야 하는데, 추억이고 나발이고 그럴 기운이 없었다. 매번 깨닫는 교훈이지만, 역시 술은 적당히 먹어야 한다. 인고의 시간이 지나고 드디어 비행기에 올라타 창밖을 바라보았다.

그저 좋기만 했던 건 아니지만 바다도 원 없이 봤고, 좋은 인연들을 만나 즐거운 시간을 많이 보냈던 한 달의 쉼표. 이 여행은 십 년, 이십 년 더 나이를 먹고도 계속 추억할 수 있는 내 인생 최고의 여름 방학으로 기억될 것이다.

かれ珈琲

여행은 끝났지만
가슴은 설레는 추억으로 가득하다

5장 한여름의 오키나와

미야코지마 이야기

별 보러
미야코지마로

　나하의 케라마 게스트하우스에 머물렀던 어느 밤이었다. 떠들썩하게 놀던 다른 사람들과는 달리 조용히 웃으며 작은 맥주캔을 홀짝거리는 여자에게 말을 걸었다. 내일이면 도쿄로 돌아간다는 아야카 씨는 인스타그램을 열어 자기의 여행 사진을 보여주었다. 미야코지마를 특히 좋아한다는 말을 증명이라도 하듯, 그녀의 사진첩엔 미야코지마의 푸른 바다를 담은 사진이 가득했다.

　그녀는 그중에서 가장 좋아하는 것이라며 은하수가 흐르는 하늘 아래서 자유를 만끽하듯 양팔을 벌리고 있는 사진을 보여주었다. 사진 속 흐드러진 벚꽃처럼 수놓아진 별은 감탄을 자아냈다. 나는 미야코지마에 가면 언제든 이런 밤하늘을 볼 수 있는 것이냐고 물었고 그녀는 조용히 고개를 끄덕였다. 그날 이후, 그녀와 대화를 나누지도 않았고 즐거웠던 그 날의 술자리도 기억에서 희미해졌지만, 그날 본 사진의 밤하늘만은 또렷하게 기억났다. 그 광경을 내 눈으로 직접 보고 싶어서 무더위가 기지개를 켜기 시작하는 7월 초순, 오키나와로 가는 티켓을 다시 끊었다. 이번에는 미야코지마로!

다만 문제가 하나 있었다. 미야코지마의 대중교통은 오키나와 본토보다 열악했고, 내 운전 실력은 여전히 도로 위의 시한폭탄이나 다름없었다. 즉, 운전을 할 수 있는 동료를 구해야 했다. 그래서 남자친구를 비롯한 여러 친구에게 숙소와 식사 등의 편의를 제공하겠다는 조건으로 함께 여행을 가자 제안했으나, 7월 말에서 8월 초에 몰려있는 직장인들의 여름 휴가 사정상 모두에게 퇴짜를 맞고 말았다. (내 여행 일정은 7월 12일~7월 22일이었다) 어쩔 수 없이 대중교통을 이용하던가 자전거나 빌려야겠다며 포기하고 있던 차, 남자친구가 회사를 그만두게 되며 기적적으로 여행에 동행하게 되었다.

교통 문제도 해결되었으니 이제 남은 건 숙소. 미야코지마는 오키나와 본섬에서 남서쪽으로 약 290㎞ 정도 떨어진 섬으로 행정구역상으로는 오키나와현에 속해있다. 미야코지마는 일본 내국인들에게 굉장히 인기가 많은 여행지라 성수기에 숙소를 잡기가 상당히 어려웠다.

출국을 일주일도 채 남기지 않았던지라 2인실을 잡을 수 있는 숙소는 게스트하우스 아니면 하룻밤에 백만 원 가까이 하는 고급 리조트뿐이었다. 그래서 우리는 미야코지마 시내에서 가까운 사보텐 게스트하우스를 거점으로 잡았다.

모든 준비는 끝났다. 이제 여행을 가서 카메라를 들고 아야카 씨처럼 멋지게 사진 찍을 일만 남았다. 미야코 씨가 말했던 시리도록 푸른 미야코 블루를 맘껏 즐기고 스노클링도 해야지!

고대하던 여행 당일, 우리는 인천에서 출발해 나하 공항에 도착했다. 이른 저녁을 먹고 다시 미야코지마행 JAL기에 올라탔다. 음료를 나눠주는 승무원의 화사한 꽃무늬 셔츠에서 오키나와스러움이 물씬 묻어났다. 새삼 내가 남국의 섬에 왔다는 사실이 상기되었다.

기분 좋은 설렘 속 한 시간 남짓의 비행 끝에 드디어 도착한 미야코지마. 공항에서 나가자마자 무덥고 묵직한 공기가 콧속으로 훅 들어왔다. 섬의 여름을 대수롭지 않게 생각하고 있던 나는 약간 당황했다. 반바지가 싫다며 긴바지만 챙길 거라고 우기던 남자친구도 마찬가지였다.

밖에 나온 지 10분이 채 되지 않았지만 피부가 땀으로 끈적해져 가는 게 느껴졌다. 이런 날씨에 자전거를 타고 돌아다니겠다고? 열사병에 걸려 뉴스에나 안 뜨면 다행이겠다. 마음속으로 렌터카를 빌릴 수 있게 된 것에 다시 한번 감사했다.

그러나 렌터카는 내일부터인지라, 일단 택시를 타야 했다. 하지만, 여기서 한 가지 난관에 봉착했다. 바로 우리가 탄 택시에 내비게이션이 없다는 것이었다. 나이 지긋하신 택시 기사님은 게스트하우스의 주소와 이름을 듣고는 "그게 어디야?"라고 되물었다. 그리고는 무전기를 들어 동료들에게 사보텐 게스트하우스를 아느냐고 물었다. 되돌아온 건 잘 모르겠다는 답변뿐.

기사님은 잠깐 망설이시더니 차에서 내려 다른 택시 기사에게 뭔가를 묻기 시작했다. 몇 명과 대화를 나눈 뒤 드디어 단서를 찾은 것인지 기사님이 운전을 시작했다. 기계의 힘을 빌리지 않고 사람과의 커뮤니케이션을 통해 문제를 해결하고, 목적지에 도착한 뒤 미안하다며 택시비 200엔을 깎아 주시는 모습에서 시골의 정겨움이 느껴졌다.

게스트하우스는 시내 한복판의 허름한 기념품점 2층에 있었다. 옹기종기 모인 에어컨 실외기가 지옥의 열기를 뿜어내는 좁은 계단을 지나 입성한 숙소는 1박 8만 원의 가격을 납득하기엔 다소 어려운 감이 있었다. 하지만, 여행 물가 비싸기로 유명한 미야코지마에서 에어컨의 시원한 바람을 마음껏 쐴 수 있는 단독 객실을 얻은 게 어딘가! 게다가 바깥 거리엔 음식점과 술집이 즐비하게 늘어서 있으니 밥 먹을 걱정도 없을 것 같았다.

취객으로 시끌벅적한 거리의 풍경에 나도 당장 아무 술집이나 들어가 시원한 오리온 생맥주를 마시고 싶었지만, 앞으로의 여행을 위해 체력을 아끼기로 했다. 그리 오래 참지 않아도 내일이면 미야코지마의 푸른 바다를 볼 수 있을 테다. 아마 운이 좋으면 아야카 씨가 본 별빛 가득한 밤하늘도 볼 수 있겠지. 미야코지마에서의 첫날은 그렇게 부푼 기대와 함께 저물어갔다.

이게 바로
미야코 블루

아침 일찍 일어나 한국에서 예약해둔 차량 대여를 위해 타임즈카 렌터카 사무소로 향했다. 다행히 이번엔 이름이 알려진 곳이라 어제 같은 소동 없이 빠르게 도착할 수 있었다. 잠깐의 대기 끝에 우리는 소형 남색 혼다 승용차를 빌렸다.

사무소 앞에 차를 대준 렌터카 업체 직원은 차 반납 방법을 간단하게 설명한 다음 이대로 타고 가시면 된다는 말만을 남기고 사무소로 들어갔다. 우리는 차에 올라탔고, 그 안의 공기엔 약간의 긴장감이 맴돌았다.

"할 수 있겠어?"

"아, 어…."

내 물음에 남자친구는 약간 자신 없는 목소리로 답했다. 일본이 처음인 그는 운전대가 오른편에 달린, 그러니까 차량 주행 방향이 우리나라와 반대인 차를 한 번도 운전해 본 적이 없었다. 남자친구는 렌터카 업체에서 나눠준 주의사항이 적힌 종이를 조금 읽고는 이내 시동을 걸었고, 나는 차량의 내비에 식당 밧시라인(ばっしらいん)을 검색해 길 안내를 입력해 놓았다. 떨리는 출발의 순간, 다행히 남자친구는 핸들을 오른쪽이 아닌 왼쪽으로 잘 꺾어서 렌터카 사무소를 빠져나갔고 그리 멀지 않았던 식당에 무사히 도착했다.

언뜻 오래된 패밀리 레스토랑처럼 보이는 밧시라인은 다양한 오키나와 음식을 팔고 있었다. 내가 주문한 테비치 정식의 족발은 야들야들하고 잡내가 없는 데다 짭조름한 간이 적당히 배어 있어 밥도둑이 따로 없었다. 오키나와 음식을 처음 먹는 남자친구도 오키나와 소바가 맛있다고 말했다.

사실 이곳은 나하의 베로나에서 만났던 모모코가 모든 음식이 맛있다며 적극적으로 추천했던 가게인데, 하나를 보면 열을 안다고 그녀의 말대로 다른 것들도 다 맛있을 것 같았다. 식사가 맛있었냐고 물어보는 종업원 이모의 친절한 미소도 마음에 들었다.

다음 목적지는 이라부 섬. 일본 내의 무료 통행 다리 중에서 가장 긴 다리라는 이라부 대교를 건너면 갈 수 있다. 대교에서 아름다운 바다 전경을 볼 수 있는 데다 고즈넉하고 아기자기한 카페와 레스토랑이 많은 곳이라기에 꼭 가봐야겠다고 다짐했던 곳이다.

하지만, 밥을 먹고 담배 한 개비를 피고 나서 남자친구의 긴장이 풀린 탓인지, 가는 길이 순탄치만은 않았다.

조작 버튼이 반대인 차에 익숙하지 않아 깜빡이가 아닌 와이퍼를 켰고, 앞서가던 차가 길 한복판에서 뜬금없이 유턴을 위해 멈춰서는 걸 보고 당황해서 급히 브레이크를 밟기도 했다(후에 알았지만, 일본은 '유턴 금지' 팻말만 없으면 어디서나 유턴을 할 수 있다고 한다). 그 외에도 역주행 미수, 사고 차량 목격 등의 해프닝으로 인해 긴장을 놓지 못하고 마치 어린이 보호구역을 달리듯 천천히 운전해 이라부 대교에 다다를 수 있었다.

대교에 진입하자 탁 트인 푸른 바다가 한눈에 들어와, 우리는 동시에 감탄사를 내뱉었다. 바다의 맑고 깊은 푸른색은 가슴속까지 시리게 만들 정도로 청량했다. 오키나와의 다른 바다도 아름다웠지만, 미야코지마 바다의 압도적인 청정함은 이길 수 없었다. 드디어 미야코 블루라는 수식어가 따로 생긴 이유를 이해할 수 있었다.

대교 중간중간에는 차를 세우고 바다를 감상할 수 있는 스팟이 마련되어 있어, 그곳에 차를 세우고 내려 바다를 만끽했다. 이윽고 도착한 대교 끝자락에는 바다로 이어진 길이

있어 아래로 내려가 보았다. 바다는 가까이서 봐도 여전히 아름다웠다. 샌들을 벗어 발을 담갔다. 뜨겁고 습한 날씨였지만, 발에 느껴지는 서늘한 감각에 더위를 잠시 잊을 수 있었다.

해안도로를 따라 섬을 한 바퀴 둘러보고 나오면서 바닷가 쪽으로 덩그러니 서 있는 한 카페에 갔다. 길가에 세워진 표지판이 아니었으면 뭐하는 곳인지 몰라 그냥 지나쳤을지도 모르는 그런 곳이었다. 카페 '소라니와'. 우리 말로 하늘 정원이라는 이름이 마음에 들었다.

카페 2층에서는 큰 창문을 통해 푸른 바다와 하늘을 감상할 수 있었다. 녹색과 푸른색이 조화를 이룬 창밖 풍경, 아무도 없는 카페 안 적막을 가르는 천장의 팬 소리, 얼음이 송글송글 맺힌 유리컵, 시원한 커피의 맛. 소라니와에서의 시간은 일상에 지쳐있던 우리에게 여유를 선물해 주었다.

하지만 이 아름다운 미야코지마에서 우리의 기대를 배신하는 것이 딱 하나 있었으니…. 그것은 바로 숙소 앞의 식당들이었다. 숙소 앞에는 이자카야와 식당이 무수히 많았으나,

하나같이 사람이 꽉 찬 데다 예약을 하지 않으면 오늘은 이용하실 수 없다고 안내를 해주는 게 아닌가. 난 미야코지마에 이렇게 사람이 많을 줄은 몰랐다. 결국 맛있는 저녁은 포기하고 편의점에서 도시락을 살 수밖에 없었다. 여러분도 잊지 마시라. 미야코지마에서 저녁밥을 먹으려면 예약이 필수라는 사실을⋯.

은하수를
찾아서

별을 찍겠다고 미야코지마에 왔지만, 전날 밤에는 하늘에 구름이 잔뜩 끼어 있어서 아무것도 찍을 수 없었다. 게다가 가로등 하나 없는 어둡고 텅 빈 도로에 둘 다 겁을 먹어서 목적지까지 가지도 못하고 허탕만 치고 돌아왔다. 하지만 좋은 사진은 여러 번의 도전이 만드는 법. 오늘은 이곳저곳 미리 둘러보고 제대로 준비해서 도전하리라. 그리 다짐하고 새로운 마음가짐으로 산뜻하게 게스트하우스를 나섰다.

첫 번째 목적지는 미야코지마의 동쪽 끝에 있는 히가시헨나 곶 공원. 한참을 차로 달려 도착한 그곳에는 흰 등대가 우뚝 서서 우리를 반기고 있었다.

주차장에서 등대까지는 거리가 조금 있었는데, 길 왼편의 울타리 너머로 펼쳐진 바다가 너무 아름다워서 걷는 동안 전혀 지루하지 않았다. 야트막한 바다 위로 점점이 자리 잡은 바위, 그 뒤로 보이는 깊고 푸른 바다. 오키나와의 해변은 물이 맑아서인지 얕은 바다의 연한 에메랄드와 깊은 바다의 코발트블루의 대비가 극명하게 보여 신비한 분위기가 감돈다.

등대의 계단은 높고 가팔랐다. 바람 한 점 들어오지 않는 등대 안은 조금 과장해 사우나처럼 더웠다. 하지만, 고난의 계단 등반을 끝내고 바깥으로 나오자 강한 바람이 땀을 식혀 주어, 기분 좋게 아래 풍경을 내려다볼 수 있었다. 입장료와 조금 전의 고생이 아깝지 않을 정도로 훌륭한 경관이었다.

우리는 히가시헨나 곶을 빠져나와 별 관측 스팟으로 유명한 히가 로드 파크와 아야카 씨가 은하수 사진을 찍었다던 스나야마 비치에 잠시 들러 위치를 확인하고 이라부 섬으로 향했다. 어제 소라니와에서 본 풍경이 너무 예뻐서 다시 한 번 가고 싶었기 때문이다. 그렇게 몇 번을 다시 봐도 아름다운 이라부 대교를 건너 커피 한 잔의 여유를 즐기고 숙소에

돌아왔다.

좋은 사진을 찍으려면 배가 든든해야 한다. 어제는 비록 맛있는 저녁 먹기에 실패했지만, 오늘은 다르다. 맛있기로 소문난 미야코규를 먹을 수 있는 야키니쿠집 곤베에(權兵衛)에 예약을 해둔 것이다.

곤베에에는 연예인과 야구선수의 사인이 아주 많았다. 선수들의 사인이 있는 유니폼도 입구 쪽에 걸려있었는데, 유명한 메이저리거인 이치로의 이름도 있어 맛집일 것 같은 느낌이 강하게 들었다. 예약 후 인터넷을 뒤져보니 야구선수들이 미야코지마에 훈련 올 때 자주 애용하는 맛집이라고. 평가도 나름 좋았다.

가게에 들어가자 종업원은 일본어로 "김 씨"라고 크게 적어놓은 좌식 테이블로 우리를 안내했다. 김 씨라니, 왠지 아저씨들이 서로를 부르는 애칭 같은 느낌이 들어 조금 피식했다. 우리는 와규의 갈비, 로스, 꽃등심, 우설 등을 한 접시씩 해치

朝鮮焼肉 **権兵衛**
宮古支店 TEL 2-0408

営業案内
営業時間

メニュー
牛ヒレ・牛ロース
上ミノ・カルビー
牛タン・牛ホルモン
豚ロース・ビビンバ〔マゼ飯〕
レバー・クッパー〔朝鮮オジヤ〕
・ナムル〔野菜盛合せ〕
キムチ〔朝鮮漬〕
その他飲物

焼肉 権兵衛

焼肉 権兵衛

営業中

웠고, 다른 메뉴보다 두 배 비싼 미야코규 갈비와 로스, 그리고 입가심으로 호르몬(내장)까지 알차게 먹어 치웠다. 입에서 사르르 녹는 고기와 쫄깃한 부속 부위가 행복을 주었던 한 끼였다. 특히 미야코규는 정말 최고였다. 배를 든든히 채우고 숙소에서 약간의 휴식을 취한 후, 카메라와 삼각대를 챙겨 들고 길을 나섰다.

다시 찾은 히가시헨나 곶은 가로등 하나 없어 어두컴컴했고, 등대에서는 어두운 녹색 불빛이 나와 음산한 분위기를 더했다. 무서워서 등대까지는 차마 가지도 못하고 주차장에서 조금 걸으면 나오는 전망대에서 사진을 찍기로 했다.

삼각대를 바닥에 놓고 인터넷에서 검색한 대로 조리개 값 2.8에 셔터 스피드 20초, ISO 800에 카메라를 세팅하였다. 그런데 바람이 센 탓이었을까. 날은 맑았으나 구름이 많아 별이 잘 보이지 않았다. 그 자리에서 30분 정도 사진을 찍은 우리는 히가시헨나 곶을 포기하고 히가 파크 로드로 자리를 옮기기로 했다.

카메라를 챙겨 주차장으로 돌아가는 길, 갑자기 뒤에서 뭔가 인기척 같은 게 느껴져 뒤를 돌아봤는데, 아무것도 없고 등대 불빛만 돌아가길래 너무 무서웠다! 얼른 뛰어서 그곳을 빠져나왔다.

하가 로드 파크는 더 심했다. 해안 도로 한 켠에 화장실과 쉬어갈 수 있는 의자만 덩그러니 놓인 곳이라 차의 시동을 끈 순간 칠흑 같은 어둠뿐이었다. 하가시혠나 곳에는 등대라도 있었지…. 그래도 어둠에 익숙해지고 나니 달빛이 나름 밝아서 괜찮았다. 파도치는 밤바다와 하늘을 감상하며 사진을 찍으려고 노력했지만, 역시나 예쁜 사진은 나오지 않았다. 그리고 아야카는 아무 때나 은하수를 감상할 수 있다고 했지만, 어째선지 별이 그렇게 많이 보이지 않았다. 그래서 더 어두운 곳으로 가면 혹시나 별을 찍을 수 있을까 하는 마음에, 최종 목적지인 스나야마 비치로 향했다.

어두운 도로에는 오가는 사람이 거의 없었고, 지나가는 길에 보인 파출소 문 앞엔 정육점에서나 쓸법한 빨간 등이 달려있어 조금 소름이 돋았다. 민가를 빠져나와 다시 아무것도 없는 시골길을 달리던 도중, 운전하던 남자친구가 갑자기 소리를 질렀다. "방금 봤어?" 다급한 목소리에 핸드폰을 보던 나도 덩달아 놀라 외쳤다. "아니? 뭘?" "방금 도로에 사람이 서 있던 것 같아!"

마을에서 한참 떨어져 있는 데다, 양옆으로 수풀이 우거져 사람이 절대 걸어 다닐 수 없는 길이었다. 그는 코너에서 검은 옷을 입은 사람을 본 것 같다고 했다. 내가 눈이 안 좋아 잘못 본 게 아니냐 물었지만, 지금 쓰고 있는 안경이 안 보이냐는 대답이 돌아왔다. 귀신이라도 본 줄 알고 오들오들 떨면서 천천히 운전했는데, 한참 뒤에 다른 곳에서 검은 입술에 검은 옷을 입고 있는 남자 마네킹이 서 있는 것을 보았다.

혹시 아까 본 게 저거 아니냐고 묻자 남자친구는 그런 것 같다고 대답했고, 우리는 그 존재가 귀신이 아니었음에 안도했다. 하지만, 누가, 어째서 뜬금없는 장소에 저런 무섭게 생긴 인형을 세워놓은 걸까?

주차장에는 자동판매기만이 형광등 빛을 발하며 우리를 맞이해 주었다. 이곳 역시 어둠뿐이었으나, 히가시헨나 곶과 히가 로드 파크에서 이런 상황에 조금 익숙해졌기에 더는 무

261

섭지 않았다. 하지만 우리는 아직 진짜를 경험하지 못했던 것뿐이었고, 곧 후회하게 되었다.

핸드폰 라이트를 켜고 스나야마 비치 입구로 향했다. 낮에는 안에 들어가 보지 않아 미처 몰랐지만, 스나야마 비치로 가는 길은 아주 험난했다. 양옆으로 수풀이 무성한 좁은 오솔길에는 '뱀 조심'이라는 표지판이 군데군데 놓여있었고, 벌레 우는 소리인지 바람 소리인지 알 수 없는 소리가 들려와 공포감을 조성했다.

오솔길을 겨우 빠져나가니, 아래로 가파르게 내질러진 모래 언덕이 우릴 기다렸다. 모래 언덕은 발이 푹푹 들어가 빠져나오는 데 한참이 걸렸다. 만약 이 근처에 이상한 사람이 숨어 있다가 우릴 덮치면 어쩌지? 자꾸만 나쁜 망상이 떠올라, 유일한 무기인 삼각대를 든 손에 힘을 꽉 주었다. 다행히 스나야마 비치에 도착할 때까지 별일은 없었다. 하지만, 족히 20분은 걸리는 저 무서운 길을 되돌아갈 생각을 하니 한숨이 나왔다.

아무튼, 목표했던 해변에 왔으니 별 사진을 찍을 차례. 하늘은 구름 없이 맑아 아까보다는 별이 더 잘 보였지만, 여전히 내가 아야카 씨의 사진에서 봤던 그 별과는 한참 거리가 멀었다. 은하수는커녕 그냥 도시에서 조금만 떨어진 곳으로 가면 볼 수 있는 그런 별이었다. 어이없어 카메라를 세팅할 생각도 안 하고 한참을 통나무 위에 앉아있었다. 그때 남자친구가 말했다. "달 때문에 별이 안 보이는 것 같은데? 별은 그믐에 잘 보이잖아."

아! 그 말을 들은 순간 깨달음이 머리를 강타했다. 그러고 보니 하늘에는 동그란 달이 밝게 떠 있었다. 별을 찍으러 여기까지 왔는데, 바보 같은 짓을 했을 뿐이란 걸 깨닫자 온몸에서 힘이 쭉 빠졌다. 은하수 사진으로 같이 오자고 회유했던 남자친구에게도, 일이 이렇게 되어 미안하다고 사과했다.

하지만, 이제 와 어쩌겠는가. 기왕 왔으니 이 풍경이라도 담아가자며 열심히 셔터를 눌렀다. 그러다가 문득 이 상황이 웃겨 한참을 웃었다. 사진은 내 기대와는 달랐지만, 적어도 재미있는 추억 하나는 건졌으니 나쁘지만은 않았다.

나중에 노하라 씨에게 들어서 알게 된 사실이지만, 은하수는 겨울에 와야 잘 보인다고 한다. 또, 길에 서 있던 검은 입술의 인형은 '마모루 군'이라는 인형으로, 교통사고가 잦은 지역에 세워둔다고. 한밤중에 그런 인형을 보면 오히려 사고가 더 일어날 것 같은데…. 이 무섭게 생긴 마모루 군은 의외로 인기가 높아서 시리즈로 나온 형제자매가 총 11명이 더 있고 기념품도 판매한단다. 참, 사람들의 취향이란 알 수 없는 것이다.

어쨌든, 이날 나는 무식하면 손발이 고생하니 뭐든 잘 알아봐야 한다는 교훈을 마음 깊이 새기게 되었다.

미야코지마에서
스노클링을

　수영이 서툰 나지만, 미야코지마의 바다에서는 꼭 스노클링을 해야겠다고 여행 전부터 결심했었다. 오키나와 본토의 바다보다 더 맑고 아름답다고 모두가 입을 모아 말했으니 말이다.

　그렇게 마음먹고 있었는데, 마침 카페 소라니와에 갔을 때 스노클링 투어 전단이 몇 개 보이길래 한 업체를 골라 예약하게 되었다. 가이드는 참가자의 수영 실력, 나이 등의 정보, 그리고 물속에서 제일 보고 싶은 게 무엇인지를 물었다. 나는 한 치의 망설임도 없이 바다거북을 보고 싶다고 답했다.

　투어 당일 오후 2시, 숙소 앞까지 우리를 픽업하러 온 가이드를 만났다. 수영복으로 갈아입고 나오느라 약속 시간에 조금 늦어버린 우리를 그는 싫은 기색도 없이 웃으며 반겨주었다.

투어에는 우리 말고도 두 명의 참가자가 더 있었다. 도큐 호텔에서 차에 올라탄 중년의 두 여성은 아주 우아하게 인사를 했다. 도쿄에서 휴가차 놀러 왔다는 그분들은 자외선이 어디서도 침투할 수 없게 온몸을 다 가리는 옷을 입고 있었는데, 다리가 그대로 드러나는 내 수영복을 보고 자외선 차단제는 잘 발랐냐며 걱정스레 물어보았다.

급하게 나오느라 바르지 못했다고 대답하자, 한 분이 자신의 선크림을 선뜻 내주었다. 피부가 많이 탈 텐데 어떡하냐며 걱정해 주어 나도 덩달아 걱정되기 시작했다. 가이드는 대화를 듣다가, 미야코지마에 왔으니 오히려 조금 태워서 돌아가는 게 더 이득 아니냐며 웃었다.

그렇게 화기애애한 분위기 속에 오늘의 스노클링 장소인 와이와이 비치에 도착했다. 차에서 내린 가이드는 이곳이 바다거북을 반드시 볼 수 있는 스팟이라 설명했다.

또, 오늘은 파도도 높지 않고 날씨도 좋으니 아주 맑은 바다를 볼 수 있을 거라고 자신 있게 말했다. 귀여운 바다거북을 볼 수 있다니! 신나서 마음이 들떴다. 우리는 각자 장비를 나눠 받은 다음 가이드를 따라 해변을 걸었다. 내리쬐는 한낮의 햇살 덕분인지 해변의 물은 굉장히 맑았다. 어느 정도 깊이가 있는 곳도 물이 없는 것처럼 바닥이 훤히 들여다보였다. 미야코 블루는 경험했었지만, 이런 투명한 물은 또 처음이라 신선했다. 나와 남자친구는 주변을 둘러보며 감탄을 거듭했고, 곧 스노클링 지점에 도착했다.

입수 전 스트레칭을 마치고 구명조끼와 오리발, 스노클 장비를 끼고 바다에 들어갔다. 이번엔 고릴라 춉에서의 실수를 반복하지 않기 위해 미리 수영 보드를 받아놓았기에 물이 두렵지 않았다. 드디어 들여다본 와이와이 비치의 바닷속. 아주 투명한 물에 햇빛이 여과 없이 들어와 몽환적인 느낌마저 들었다. 고릴라춉에서는 푸른 물이 나를 압박하는 것 같아 숨쉬기가 어려웠는데, 이곳에서는 아주 편안하게 숨을 쉴 수 있었다.

가이드를 따라 먼 바다로 나가니 각양각색의 산호와 물고기들이 우리를 맞아 주었다. 벌써 두 번째 경험하는 스노클링이지만, 이 해양생물들이 주는 아름다움과 감동은 첫 경험 때와 다르지 않았다.

특히 니모는 볼 때마다 귀엽고 예뻤다. 바닷속 구경에 너무 푹 빠져 엉뚱한 방향으로 갈 뻔하기도 했는데, 가이드와 남자친구가 이를 재빨리 눈치채고 나를 이끌어줘 안전하게 바닷속을 누빌 수 있었다. 그리고 얼마나 헤엄을 쳤는지는 모르지만, 꽤 먼 곳까지 나왔다고 느꼈을 때쯤, 가이드가 우리를 향해 손짓하더니 손가락으로 아래를 가리켰다.

그 손가락이 가리키는 곳 끝에는 붉은 등껍질을 가진 커다란 바다거북이 유유히 헤엄치고 있었다. 너무 귀여워서 꺄악 소리라도 지르고 싶었지만, 스노클을 입에 끼고 있어 그럴 수가 없었다. 거북은 사람이 무섭지도 않은지 한참을 그곳에서 노닐다 유유히 사라졌다. 그리고 영원히 끝나지 않았으면 했던 즐거운 스노클링도 곧 끝이 났다.

가이드는 물에서 나온 우리를 그늘이 있는 벤치로 안내하

고 사라지더니, 잠시 후 큰 보온병을 가져왔다. 스노클링은 체력이 많이 소모되니 수분 보충을 하고 충분히 쉬었다 가야 한다며, 우리에게 시원한 보리차를 한 잔씩 나눠주었다. 물에서 노느라 목이 마른 줄도 몰랐는데, 한 번 목을 축이고 나니 물이 연거푸 들어가더라. 그의 섬세한 배려가 정말 고마웠다.

아, 그리고 일본 여성분들 말이 옳았다. 스노클링 전, 선크림을 다리 앞면에만 꼼꼼히 바르고 뒷면에는 제대로 바르지 않았다. 그랬더니 다리, 특히 수영복의 경계 부분이 심하게 타서 원래의 피부색으로 돌아오는 데 1년이나 걸렸다!

안녕, 미야코지마!
안녕, 나하!

    미야코지마에 온 지 5일째 되는 날 아침, 우리는 이 아름다운 섬과 작별 인사를 하고 나하로 떠났다. 렌터카를 무사히 반납하고, 공항에 와서 미야코지마에서의 여러 추억을 되짚어 보았다. 이케마 대교의 좁은 2차선 한복판에 차를 세우고

새벽 낚시를 하던 아저씨들, 당도가 남달랐던 미야코지마의 망고, 마찬가지로 크기도 남달랐던 미야코지마의 바퀴벌레, 모든 풍경이 아름답던 미야코지마의 바다 등등. 짧았지만 섬의 여

러 모습을 볼 수 있어 더 좋았던 여행이었다.

운 좋게도 이곳에 머무르는 동안 한 번도 비가 내리지 않아 숙소에서만 머물러야 하는 날도 없었기에, 머릿속에 좋은 기억만 가득 담고 갈 수 있었다.

미야코지마에선 다소 불편했던 게스트하우스를 이용했다. 그래서 나하에서는 하루라도 편안한 호텔에서 머무르고 싶었다. 그리고 남자친구에게 터키석을 물에 갠 듯한 중부의 아름다운 바다도 보여주고 싶었다. 원래는 오키나와 최고 호텔이라는 부세나 테라스에서 하루를 묵어보려고 했으나, 성수기라 객실이 없어 소망을 이루지 못했다. 예전에 화장실을 빌렸던 빚을 조금이나마 갚아보려고 했는데, 아쉬웠다. 어쨌든, 이런저런 이유로 베스트 웨스턴 오키나와 코키 비치 점을 예약하게 되었다.

교통이 혼잡한 나하에서는 사고가 날까 봐 차를 빌리지 않았다. 그런데 공항에서 호텔로 바로 갈 수 있는 교통수단이 없어, 우리는 눈물을 머금고 택시를 타게 되었다.

그 먼 거리를 택시로 이동하게 된 것도 슬픈데, 택시 기사

아저씨가 정치 마니아라 우리는 꽤 오래 일본 정치 이야기를 들어야 했다. 그리고 자신의 말에 동의를 구하는 기사 아저씨에게 "저 한국인인데요···."라고 말하고 나서야 지옥에서 풀려날 수 있었다. 어디에나 수다스러운 기사님은 존재하는 구나 싶었다. 택시비는 8,300엔이었다···.

이렇듯 호텔로 가는 길은 고난이었으나, 방에서 바라보는 전망만큼은 환상적이었다. 테라스 너머 햇빛을 받아 반짝반짝 빛나는 연녹색 바다가 지친 심신을 위로해 주었다. 그렇게 한숨 쉬고 난 다음, 즐거운 저녁을 보내기 위해 숙소를 나섰다. 호텔 1층 주차장에는 모모코와 그녀의 친구 미카가 우리를 기다리고 있었다.

베로나에서 만났던 모모코는 한 달 뒤 미카와 함께 진짜로 한국에 놀러 왔다. 그녀들과 나는 서울에서 며칠간 즐거운 시간을 함께한 후 완전히 친해졌고, 내가 오키나와에 다시 온다니 이번엔 그녀들이 나를 안내해 주기로 한 것이다.

그녀들은 오키나와 요리 전문점, '완카라완카라(我空我空)'로 우리를 안내했다. 자기들의 단골집인데 음식이 정말 맛있

다면서 말이다. 그래서 메뉴 선택과 주문은 전적으로 맡기고 우리는 미식과 평가에 집중했다. 그녀들의 말대로 각종 찬푸루부터 회, 튀김, 디저트까지 맛없는 메뉴가 없었다.

오리온 생맥주를 마시며 즐겁게 수다를 떨던 중, 갑자기 사장님이 산신을 들고 다가왔다. 그러더니 개인기를 하나 선보여주신다는 게 아닌가. 산신 연주를 하시려나? 생각하던 찰나, 사장님이 산신을 머리에 갖다 대더니 묘한 포즈를 취했다. 그와 동시에 산신 밑으로 종이가 나왔고 거기엔 '딱정벌레'라는 단어가 적혀있었다. 순간, 어이가 없어서 웃음이 피식피식 나왔다. 우리의 웃음을 본 사장님은 만족하신 듯 자리로 돌아갔다. 정말 유쾌한 음식점이었다.

다음날, 남자친구는 한국으로 먼저 돌아가고 나는 나하에서 지난 오키나와 여행에서 인연이 있던 친구들을 만나고 다녔다. 미야코지마 여행 이야기를 들려주니 다들 서운해하며 이런 뉘앙스의 말을 했다.

"왜 나한테 안 물어봤어? 미야코지마의 좋은 곳을 알려줄 수 있었을 텐데…."

딱정벌레

여행에 대해 미리 말했다면 아는 사람을 소개해 줬을 거라며 아쉬워하는 이들도 있었다. 이것이 오키나와에 대한 자부심 때문인지 아니면 사람과의 관계를 중요시하는 성향 때문인지는 잘 모르겠다. 하지만, 이런 고마운 참견들 덕분에 내 마음은 확실히 따뜻해졌다.

좋은 풍경과 좋은 사람들. 내 마음속 오키나와는 언제까지나 따뜻하고 아름다운 장소로 기억될 것이다.

일본에서 한 달 살기 시리즈 3

한 달의 오키나와

1판 1쇄 인쇄　2022년 1월 10일

1판 2쇄 발행　2023년 4월 10일

지 은 이　김민주

펴 낸 이　최수진

펴 낸 곳　세나북스

출 판 등 록　2015년 2월 10일 제300-2015-10호

주　　　소　서울시 종로구 통일로 18길 9

홈 페 이 지　http://blog.naver.com/banny74

이 메 일　banny74@naver.com

전 화 번 호　02-737-6290

팩　　　스　02-6442-5438

I S B N　979-11-87316-93-0 03980